中国概况
PANORAMA

山东

中国概况

中国概况
PANORAMA

山 东

山东省人民政府新闻办公室　编著

外文出版社
FOREIGN LANGUAGES PRESS

蜿蜒数千里的黄河在这里奔腾入海，3000 多千米的黄金海岸像热情的臂膀迎接太平洋的滚滚风浪潮信；五岳独尊的泰山在这里巍峨矗立，仿佛一位远古走来的巨人守卫着 15 万平方千米的广阔土地，陪伴着 9700 万的人群。孔子、孟子、孙子、墨子……诸多历史伟人从这里诞生，走出故园，走向世界。时代远去，但历史遗产、文化精神一直哺育滋养至今。

这里，有着古老传统的积淀，有着现代生活的创新，传统的习俗与现代的风尚交织在一起，形成了独特的清风雅韵。

前言

这里，高速公路四通八达，高速铁路快捷舒适；11座机场连通海内外，有300多条航线；加上26个沿海港口，拉近这方热土与世界各地的距离。

这里，有质优价廉的水果、蔬菜，有丰富多样的特色小吃，有难以计数的海产海鲜……可以体味生命的美好与生活的乐趣。

这里就是东方的中国，就是中国的东方，就是山东。五千年的文明星河，山东与华夏一起璀璨；60多年的翻天覆地，山东与新中国一起变换容颜；30多年的改革开放，山东与时代一起迅猛发展。

滔滔黄河赋予了山东人奔放的性情，辽阔海疆涵养了山东人宽广的胸怀，巍巍泰山铸就了山东人豪迈的气概。在百废待兴、万象更新的新中国成立初期，山东凤凰涅槃，浴火重生；在科学创新、融合发展的历史新世纪，山东登高望远，蓬勃壮大；在大潮奔涌、日新月异的改革开放新时代，山东与时俱进，与中国一同崛起。

“有朋自远方来，不亦乐乎？”好客的热情穿越历史的风尘，成为两千多年的血脉传承。我们在大海之滨、黄河岸边、泰山脚下、孔子故乡等您来！

历史深厚的山东欢迎您，新时代的山东人欢迎您！

烟台俯瞰

目录

中　国　概　况　·　山　东

山东省简称鲁，位于中国东部、黄河下游，北纬34°22.9′—北纬38°24.01′、东经114°47.5′—东经122°42.3′。东与朝鲜半岛、日本群岛隔海相望；北与辽东半岛相对，庙岛群岛纵列其间；西北、西南分别与河北省、河南省交界；南与安徽省、江苏省毗邻。省会是济南。

第一章

自然地理

- 位置和面积
- 气候
- 地形地貌
- 山脉、河流、水库、湖泊、湿地
- 海岸与海域

位置和面积

山东省简称鲁，位于中国东部、黄河下游，北纬 34°22.9′—北纬 38°24.01′、东经 114°47.5′—东经 122°42.3′。东与朝鲜半岛、日本群岛隔海相望；北与辽东半岛相对，庙岛群岛纵列其间；西北、西南分别与河北省、河南省交界；南与安徽省、江苏省毗邻。省会是济南。

山东自然地理之最

项目	名称	地点	数据 经纬度）
最北点	滨州市无棣县 埕口镇大口河村	滨州市无棣县	东经117° 51′ 37″ 北纬38° 16′ 2″
最南点	临沂市郯城县 杨集镇陆庄村	临沂市郯城县	东经118° 11′ 58″ 北纬34° 22′ 38″
最东点	威海市荣成市 成山镇卧龙村	威海市荣成市	东经122° 42′ 21″ 北纬37° 23′ 45″
最西点	菏泽市东明县 焦园乡温寨	菏泽市东明县	东经114° 49′ 9″ 北纬35° 3′ 29″
最高点	泰山玉皇顶， 海拔1532.7米	泰安市泰山区	东经117° 6′ 11″ 北纬36° 15′ 25″
最大溶洞群	沂源溶洞群， 31.32平方千米	淄博市沂源县	东经118° 01′ 28″—东经118° 07′ 09″ 北纬36° 14′ 13″—北纬36° 18′ 10″
最大的 国家地质公园	东营黄河三角洲 国家地质公园， 1530平方千米	东营市垦利县	东经118° 32′ 59″—东经119° 20′ 27″ 北纬37° 34′ 56″—北纬35° 0′ 56″

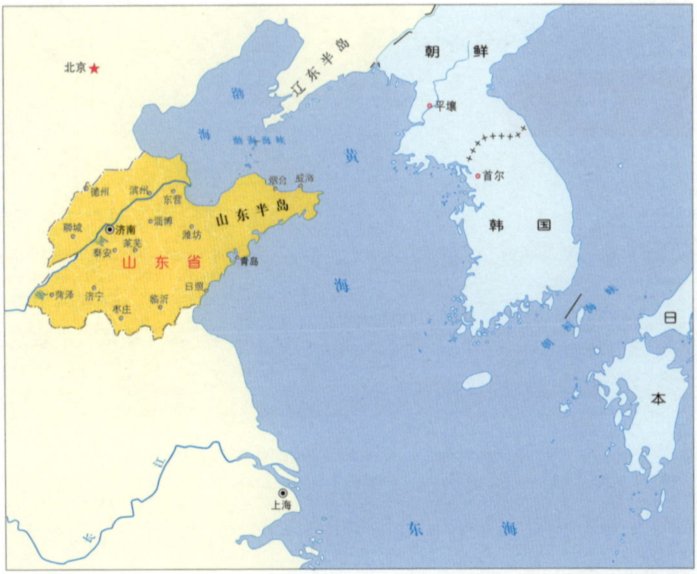

山东省区位图

山东半岛探入渤海和黄海。威海市地处山东半岛最东端，俚岛镇是中国大陆距离韩国、日本最近的区域，距韩国 93 海里，日本 174 海里。从青岛乘飞机到日本东京 2 个多小时，到韩国仁川 1 个小时。济南、青岛、威海、烟台、临沂都有国际航班，沿海港口有发往国外、境外的邮轮和货船。

山东省东西宽、南北窄。全境南北长 420 多千米，东西宽 700 多千米。陆地总面积 15.79 万平方千米，约占全国陆地总面积的 1.64%。

气候

山东气候属暖温带季风气候，四季分明。雨热同季，降水集中，春秋短暂，冬夏较长。年平均气温11℃—14℃，全省气温地区差异东西大于南北。多年平均降水量679.5毫米，由东南向西北递减。光照充足，年均2290—2890小时。由于降水量60%以上集中于夏季，故易形成涝灾，冬春又易发生旱灾，对农业生产影响较大。

相关链接

崮　指四面陡峭上端较平的山，为山东省特有地貌。顶部平展开阔，峰巅周围峭壁如削，峭壁下面坡度自上而下由陡到缓。远望似一座座高山城堡，成群耸立，雄伟峻拔。这属于地貌形态中的“桌形山”或“方形山”，当地人称之为“崮”。其裸露的“石帽子”，由坚硬的石灰岩组成，高度在10—100米，是中国喀斯特地貌、张家界地貌、嶂石岩地貌、丹霞地貌之外的第5种岩石地貌。

抱犊崮

山东省地形地貌图

地形地貌

山东大体可分为中山、低山、丘陵、台地、盆地、山前平原、黄河冲积扇、黄河平原、黄河三角洲 9 种基本地形地貌。泰山雄踞山东中部，主峰海拔 1532.7 米，为全省最高点；黄河三角洲一般海拔 2—10 米，为全省陆地最低处。

中部凸起，为鲁中南山地丘陵区；东部半岛大都为起伏和缓的波状丘陵区；西部、北部是黄河冲积而成的鲁西北平原区。高耸的鲁中南山地丘陵地区是山东地势最高、山地面积最广的地区；以南地势逐渐降低，为海拔 500—600 米的丘陵地带，其间有很多峰顶平坦的“崮”（音 gù），如孟良崮、抱犊崮、岱崮等。丘陵地带边缘是山前平原，地势坦荡，土地肥沃，水源丰沛，是著名的农耕区。

和缓起伏的胶东丘陵区位于胶莱河以东半岛地区，是山东半岛的主体部分。这里除海拔 700 米以上的崂山等山峰外，多为海拔 200—300 米的波状丘陵地带。其间坡缓谷宽，土层较厚，负山面海，气候湿润，是著名的粮、油、鱼、果产区。

平原主要位于鲁西北的湖泊带和大运河以西、泰山以北，略呈半圆环形，环抱着鲁中南山地丘陵区。这里地势平坦，湖泊河流纵横交错，水资源优越，交通便捷，是山东乃至全国重要的粮食产区。

东西狭长的胶莱平原介于山东内陆和胶东半岛之间。这里海拔 50 米左右，南负山地，北临大海，自古以来就是山东半岛东西往来的“交通走廊”。

山脉、河流、水库、湖泊、湿地

1. 山脉与山峰

山东的山脉主要分布在鲁中南山丘区和胶东丘陵区。绝对高度在700米以上、面积150平方千米以上的有泰山、蒙山、崂山、鲁山、沂山、徂徕山、昆嵛山、九顶山、艾山、牙山、大泽山等。

泰山 位于山东省中部的泰山，是联合国教科文组织认定的中国第一个世界文化与自然双遗产，也是世界地质公园、全国重点文物保护单位、国家重点风景名胜区、国家5A级旅游景区。泰山山脉东西长约200千米，南北宽约50千米，总面积426平方千米，主峰海拔1532.7米，是山东省最高峰。泰山集雄、奇、险、秀、幽、奥、旷于一身，风景以壮丽著称。重叠的山势、厚重的形体、苍松巨石的烘托、云烟的变化，使它在雄浑中兼有明丽，静穆中透着神奇。最为有名的是“泰山四大奇观”（一说：泰山日出、云海玉盘、晚霞夕照、黄河金带，另一说：旭日东升、晚霞夕照、泰山佛光、云海玉盘）。泰山气势雄伟磅礴，有“五岳之首”“天下第一山”之称。自古以来，中国人就崇拜泰山，有“泰山安，四海皆安”“国泰民安”的说法。泰山一直有“五岳独尊”的美誉。自秦始皇封禅泰山后，历朝历代帝王不断在泰山封禅和祭祀，并且在泰山上下建庙塑神，刻石题字，留下了被誉为“大字鼻祖”“榜书之宗”的北齐经石峪刻石，

泰山之巅

天街雾凇

还有洋洋大观的唐摩崖石刻《纪泰山铭》和唐代双束碑等。泰山被世人誉为“中国摩崖刻石博物馆”。从古至今的文人雅士更对泰山倍加仰慕，纷纷前来游历，作诗记文。泰山宏大的山体上留下了22处古建筑群，2200余处碑碣石刻。古人以“泰山北斗”来喻指人道德高、名望重或有卓越成就。“泰山”亦成为岳父的代称。唐代诗人杜甫于公元736年创作了著名的《望岳》：

岱宗夫如何？齐鲁青未了。
造化钟神秀，阴阳割昏晓。
荡胸生曾云，决眦入归鸟。
会当凌绝顶，一览众山小。

泰山日出

临沂蒙山国家森林公园鹰峰远眺

蒙山 位于山东省中南部。主峰海拔1156米，为山东省第二高峰。国家5A级风景名胜区。蒙山属暖温带季风型大陆气候，气候温和，雨量充沛。空气中负氧离子含量很高，被誉为“天然氧吧”、超洁净地区、中国最佳绿色健身旅游区。春天层峦叠翠，林海花潮；夏天飞瀑流水，云雾漂缈；秋天漫山碧透，红叶映照；冬天银装素裹，分外妖娆。唐代大诗人杜甫与李白相携同游蒙山，留下了“醉眠秋共被，携手日同行”的佳句。

崂山云海

相关链接

春秋 “春秋”二字在中国一般被称为一年四季中的春、夏、秋、冬中的两个季节。但作为秦代以前的一个重要的历史时期，来源于古书《春秋》。当时的鲁国史官把各国发生的重大事件，按年、季、月、日记录下来，一年分春、夏、秋、冬四季记录，简括起来这部编年史名为《春秋》。孔子加以整理修订，成为儒家经典之一。《春秋》记录了从鲁隐公元年（前722年）到鲁哀公十四年（前481年）共242年的大事。由于它所记历史事实的起止年代大体上与一个客观的历史发展时期相当，所以后代史学家便把《春秋》这个书名作为这个历史时期的名称。为了叙事方便，后人将春秋时期这一特定历史时期一般设定为：开始于公元前770年（周平王元年），即周平王东迁东周开始的一年，止于公元前476年（周敬王四十四年）战国前夕，共295年。春秋末至秦始皇统一中国前的一段时期，被称为战国时代。

崂山 位于山东半岛南部的黄海之滨，距青岛市中心40千米。崂山地貌中，最具特色的是剑峰千仞、山峦巍峨和各种奇石怪岩。主峰名为“巨峰”，又称“崂顶”，海拔1132.7米，为中国海岸线第一高峰，唯一一座海拔超过千米的高山，有“海上第一名山”之称。因崂山拔海而立，山海相连，峰雄壑险，水秀云奇，自古被传为“神仙之宅”“灵异之府”。崂山是中国道教发祥地之一。自春秋时期（约公元前770年至前476年）开始，这里就云集了一批又一批长期从事养生修身的方士。崂山有九宫八观七十二庵，道众均为道教全真派。著名的道观有神清宫、遇真宫、明霞洞、太平宫、太清宫等。

黄河在山东东营流入渤海

2. 河流

山东省水系比较发达，自然河流的平均密度每平方千米在 0.7 千米以上。长度 5 千米以上的河流有 5000 多条，其中长度 50 千米以上的 1000 多条。分属黄河流域、海河流域、淮河流域、小清河流域和胶东水系。较重要的河流有黄河、徒骇河、马颊河、沂河、沭河、大汶河、小清河、胶莱河、潍河等。

黄河　被称为中华民族的摇篮，发源于青藏高原，全长 5464 千米，是中国第二、世界第五大长河。黄河在山东境内流程 617 千米，自西南向东北斜穿。在菏泽市东明县入境后，流经济宁、泰安、聊城、济南、德州、滨州、淄博、东营八市后注入渤海。黄河每年都会带来大量泥沙，部分泥沙长年存留于下游入海口，形成著名的黄河三角洲，每年增加陆地面积约 26 平方千米。黄河在山东段为地上悬河，河床高出地面 4—5 米。山东的黄河沿岸人民从黄河提取河水，用于灌溉和生活。黄河孕育了古老的华夏文明，在山东境内形成了厚重粗犷的黄河文化。唐朝诗人李白留下了关于黄河的知名诗句："君不见黄河之水天上来，奔流到海不复回。""黄河落天走东海，万里写入胸怀间。"

大运河（山东段） 大运河史称京杭大运河，2014 年入选世界文化遗产名录。大运河肇始于春秋时期，形成于隋代，发展于唐宋，距今已有 2500 年的历史，而秦始皇（嬴政）在嘉兴境内开凿的一条重要河道，奠定了以后的江南运河走向。大运河是世界上开凿最早、里程最长、工程量最大的人工运河，也是改造地形地貌最大的人工工程。大运河南起杭州，北至北京，山东境内全长 630 千米。自北向南纵贯鲁西平原，流经德州、聊城、济宁、枣庄四市。历史上，山东段以"舟楫如梭，商贾云集"而闻名，形成了以漕运文化、商业文化以及崇文尚武为鲜明特色的运河文明，沿岸留存了古城台儿庄、太白楼、山陕会馆、水泊梁山等大量文化古迹。大运河济宁以南河段至今仍在发挥航运作用。

大运河山东段

3. 水库、湖泊

山东各地建坝蓄水，兴修水利，用于灌溉和生产生活。全省有各类水库6424座，总库容219亿立方米；塘坝5.15万处，总容积12.3亿立方米。境内湖泊以南四湖和东平湖较为知名。

南四湖 位于山东和江苏两省边界，南北长120多千米，东西宽6—25千米，中间湖腰不足10千米。由微山、昭阳、独山、南阳四个相接的湖泊组成。总面积1266平方千米，为中国十大淡水湖之一，是中国北方最大的淡水湖。容纳山东、江苏、河南、安徽四省的汇水，入湖河流40多条，流域面积3.17万平方千米。南四湖风光秀丽，山、岛、森林、湖面、渔船、芦苇荡、荷花池，构成了特有的美丽画面。这些风景中，尤以荷花最为耀眼，洋洋洒洒地铺到湖面上，有的连片数百平方千米，蔚为壮观。优越的气候、肥沃的土质和适宜的水位，极易繁衍生长水生动植物，使南四湖自古赢得“日出斗金”的美誉。兼有航运、灌溉、防洪、排涝、养殖功能。微山湖国家湿地公园是亚洲独一无二的河湖交融型湿地和最大的湖环岛型湿地群，也是亚洲最大的草甸型湖泊湿地，国家4A级景区，被吉尼斯董事局誉为“亚洲第一”。公园是以湿地生态系统和历史文化为主要资源，以湿地保护、科普教育、水质净化、生态观光为主要内容的大型公益性生态工程。园内珍稀鸟类及原生态植物物种丰富，原生态湿地特征明显，具有很高的生态、生物、文化价值。

东平湖 位于东平县西部，濒临黄河与大运河，是山东省第二大淡水湖泊。平均水深1—2米，最深3.5米，是黄河下游的一个重要滞洪区。东平湖是一个浅水富营养型淡水湖泊，鱼类和水生动植物资源非常丰富。湖中生长着苇、蒲、菱、芡（音 qiàn）、藕等多种水生植物。芡实被《本草纲目》列为名贵药材。

黄河三角洲湿地

4. 湿地

山东省的湿地超过1.8万平方千米，分为海岸湿地、河流湿地和人工湿地三个类型，主要分布在东部沿海、黄河沿岸及黄河三角洲、微山湖地区。

黄河三角洲湿地　位于山东省东营市境内黄河入海口处，是中国暖温带保存最完整、最广阔、最年轻的湿地生态系统。为了保护这片湿地，国务院于1992年10月批准设立了黄河三角洲国家级自然保护区。湿地共有鸟类296种，每年春、秋迁徙季节，数百万只鸟在这里捕食、栖息、翱翔，成为东北亚内陆和环西太平洋候鸟迁徙路线上重要的中转站、越冬地和繁殖地，被誉为“鸟类的国际机场”。令人叹为观止的生态环境，得天独厚的自然条件，造就了黄河三角洲湿地新、奇、特、旷、野的美学特征，2005年黄河三角洲湿地被《中国国家地理》杂志评为“中国最美的湿地”。

海岸与海域

1. 海岸、海域

山东半岛三面环海，大陆海岸线北起滨州市的无棣县埕口镇大口河，南至日照市岚山区安东卫街道绣针河口，全长3345千米，占中国大陆海岸线长度的六分之一。全省海洋面积15.95万平方千米，与陆地面积相当。

山东大陆海岸线主要特征为良港多、岛屿多、沙滩多、自然生态区域多。近海海域中，有天然港

夏日海滩

湾 20 余处。水深 20 米以内浅海面积 2.9 万平方千米，有大小海湾 200 多个，其中面积超过 1 平方千米的 49 个。主要海湾有渤海湾、莱州湾、芝罘湾、威海湾、胶州湾等。

山东海洋资源得天独厚，近海海域占渤海和黄海总面积的 37%。沿海滩涂面积 3000 平方千米，15 米等深线以内水域面积约 13300 平方千米，两项共 16300 平方千米，为全省陆地面积的 10.4%。山东拥有中国最为广袤的沙滩，滨海沙滩 60 余处，面积和质量在全国独一无二，适合旅游、游泳、休闲和海上运动。2008 年北京奥运会帆船比赛在山东青岛举办。

长岛宝塔礁

2. 岛屿

山东省近海海域散布着589个海岛，总面积101.79平方千米，海岛岸线长572.78千米。其中面积500平方米以上的岛屿320个。知名的岛屿有长岛群岛、芝罘（音fú）岛、田横岛、养马岛等。

长岛群岛 又称庙岛群岛，由33个岛屿组成，岛陆面积约56平方千米，海域面积8700平方千米，海岸线长146千米，属长岛县管辖。位于胶东、辽东半岛之间，黄海、渤海交汇处，东临朝鲜、韩国、日本。长岛海域辽阔，水产资源丰富，为知名的中国鲍鱼之乡、中国扇贝之乡、中国海带之乡。岛屿周围有星罗棋布的港湾，众多的海水浴场，还有千姿百态的奇礁异石，素有“海上仙境”之称。长岛冬暖夏凉，年平均气温11.9℃，无霜期242天。独特的地理位置和优越的自然条件，使之成为候鸟迁徙的必经之地，被列为国家级自然保护区。每年途经的候鸟有200余种，被称为候鸟“驿站”。长岛历史悠久，民风淳朴，岛上人文历史遗迹众多，有距今6000多年、被誉为“东半坡”文化的大黑山北庄遗址，有中国北方建造最早的妈祖庙——距今880多年的庙岛显应宫等。

芝罘岛 位于烟台市芝罘区西北方向9千米处的海面，又称芝罘山，东西长约9千米，主峰高298米。它三面环海，南侧岛陆相连，为中国最大、世界最为典型的陆连岛。从地形上看，芝罘岛是烟台港湾的一道天然防波堤，又宛若一棵灵芝草，生长在碧波万顷的黄海之中。这里自古就是天然良港。春秋战国时期，转附（芝罘）就与碣石、句章、琅琊、会稽并称五大港口。春秋时期的齐景公、秦代的秦始皇、西汉时期的汉武帝都曾登临过芝罘岛。

芝罘岛

刘公岛

刘公岛　位于山东半岛最东端的威海湾内。面积 3.15 平方千米，海岸线长 14.95 千米。据旧志记载，元代名刘岛，亦名刘家岛。大约在明代始称刘公岛。人文景观丰富独特，既有上溯千年的战国遗址，又有清朝北洋海军提督署、水师学堂、古炮台等甲午战争遗址，还有众多英租时期遗留下来的欧式建筑，素有“东隅屏藩”和“不沉的战舰”之称。其北部海蚀崖直立陡峭，南部平缓绵延，有“海上仙山”和

田横岛祭海

“世外桃源”之誉。刘公岛1985年由封闭的军事禁区对外开放，主要景点有中国甲午战争博物院、中国甲午战争博物院陈列馆、刘公岛国家森林公园、刘公岛博览园、刘公岛鲸馆、旗顶山炮台、东泓炮台、铁码头等。2015年9月，中国首个钓鱼岛主权馆在刘公岛开馆。

田横岛　位于即墨市田横镇，岛陆面积1.316平方千米，岸线长度9.54千米。据史书记载，秦末汉初，群雄并起，逐鹿中原，刘邦手下大将韩信带兵攻打齐国，齐王田广被杀，齐相田横率500将士退据此岛。刘邦称帝后，遣使招降田横，田横不从，称“死不下鞍”，于赴洛阳途中自刎。岛上500名将士闻此噩耗，集体挥刀殉节。世人惊感田横500将士之忠烈，遂命名此岛为田横岛。

山东，作为一个地理概念，最早出现在战国时期。当时，秦据关中，称崤（音xiáo）山（山名，在今河南省）或华山以东的地区为山东，也泛指崤山、华山或太行山以东的黄河流域广大地区。公元1168年（金代大定八年）置山东东、西路统军司，山东遂成为正式行政区划名称。明代山东布政司（又称行省）管辖6府、104县，大致奠定了当今山东省行政区域版图。清代山东基本沿袭明代山东的版图和名称，称山东省。

第二章

文化与人口

- “山东”和“齐鲁之邦”的由来
- 行政区划
- 人口、民族、宗教
- 文化名人

“山东”和“齐鲁之邦”的由来

山东，作为一个地理概念，最早出现在战国时期。当时，秦据关中，称崤（音 xiáo）山（山名，在今河南省）或华山以东的地区为山东，也泛指崤山、华山或太行山以东的黄河流域广大地区。公元 1168 年（金代大定八年）置山东东、西路统军司，山东遂成为正式行政区划名称。明代山东布政司（又称行省）管辖 6 府、104 县，大致奠定了当今山东省行政区域版图。清代山东基本沿袭明代山东的版图和名称，称山东省。

山东是中华古老文明发祥地之一。新石器时代早、中期的北辛文化，距今有 8000 年左右。至今发现最早的山东人——“沂源人”，可以把山东的历史上推到四五十万年以前。举世闻名的原始社会末期的大汶口文化、龙山文化在山东境内均有文化遗存。商朝建立以前，山东是商族活动的中心，商前期的 5 次迁都，有 3 次在山东境内。商朝建立以后，山东仍是其统治的中心地区。西周实行“封邦建国”之策，封吕尚于齐，封周公旦于鲁，另外尚有曹、滕、卫等国。齐国“通商工之业，便鱼盐之利，而人民多归”；鲁国整合周文化与东方文化，尚礼，被称为“礼仪之邦”。春秋时期，齐和鲁是山东的两个大国。齐鲁文化，简而言之就是齐文化和鲁文化的融合。春秋时期的鲁国，产生了以孔子思想为代表的儒家学说，而东临滨海的齐国吸收了当地土著文化（东夷文化）并加以发展。相对来说，齐文化尚功利，鲁文化重伦理；齐文化重商贸讲求革新，鲁文化尊传统讲究礼节。到战国末年，随着民族融合和人文同化的基本完成，齐、鲁两国文化也逐渐融合为一体，形成了具有丰富历史内涵的齐鲁文化。齐、鲁作为周王朝的两大支柱，经济、文化发展较快，对以后山东地方历史的发展有重大影响。山东被称为“齐鲁之邦”，简称“鲁”，由此而来。

济南泉城广场文化长廊

齊國歷史
齊
齊

位于淄博市临淄区的齐国历史博物馆

相关链接

世界上最早的公立大学稷（音jì）下学宫 “稷”是春秋时期齐国国都临淄城一处城门的名称，“稷下”即稷门附近。战国时期齐国君主在此设立学宫，名为“稷下学宫”。稷下学宫是齐国在齐都设立的官办高等学府，是世界上最早的公立大学。在其兴盛时期，曾容纳了当时“诸子百家”中的几乎各个学派，汇集了天下贤士千人。凡到稷下学宫的文人学者，无论其学术派别、思想观点、政治倾向，以及国别、年龄、资历等如何，都可以自由发表学术见解，从而使稷下学宫成为当时各学派荟萃的中心，开百家争鸣、兼容并蓄的先河。现淄博市临淄区存有稷下学宫遗址，并建设了齐国历史博物馆。

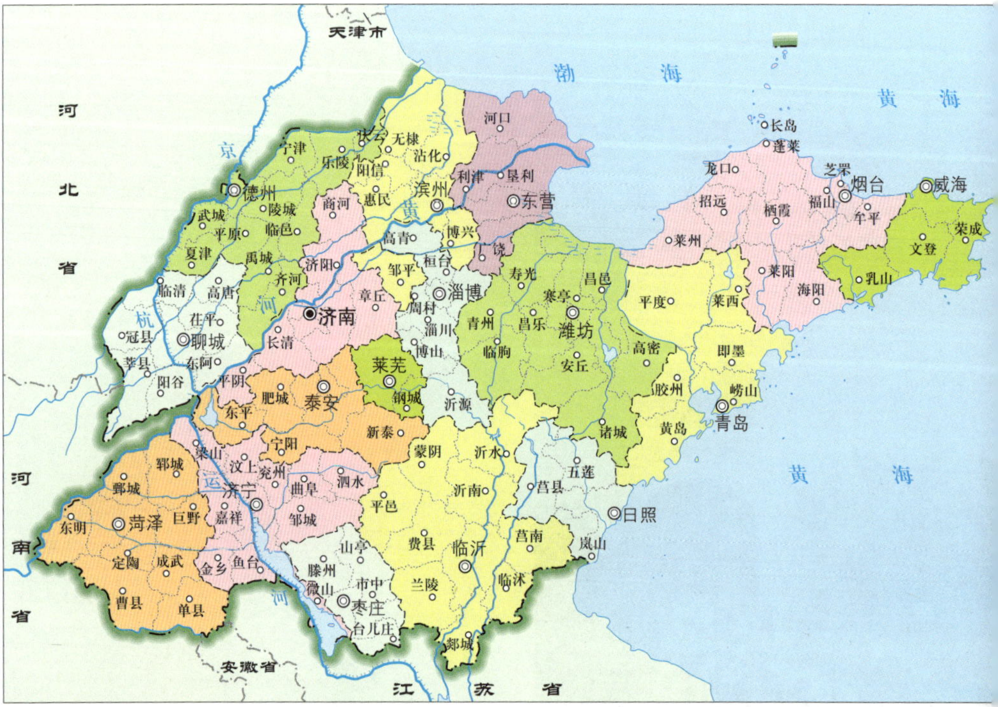

山东省行政区划图

行政区划

山东省辖济南、青岛、淄博、枣庄、东营、烟台、潍坊、济宁、泰安、威海、日照、莱芜、临沂、德州、聊城、滨州、菏泽 17 个地级市，137 个县级单位（市辖区 51 个，县级市 28 个，县 58 个），1826 个乡镇级单位（街道 631 个、乡 81 个、镇 1114 个）。

人口、民族、宗教

1. 人口

山东是中国的人口大省，数量居全国第二位。2014 年末常住人口为 9789.43 万人，占全国人口总数的 7.15%。人口密度为每平方千米 620 人。

济南市曲水亭边居民的休闲生活

2. 民族

中国55个少数民族在山东都有居住。少数民族常住人口72.17万人，占全省总人口的0.75%；其中回族53.57万人，占少数民族总人口的74.23%；其他过万人的少数民族有朝鲜族、满族和蒙古族。

民族风情表演

3. 宗教

公民有宗教信仰自由。国家依法保护正常的宗教活动，维护宗教团体、宗教活动场所和信教公民的合法权益。佛教、道教、基督教、天主教、伊斯兰教等5大宗教在山东均有教职人员。山东有3所宗教院校：山东湛山佛学院、山东省基督教神学院、山东省天主教圣神修院。

青岛天主教堂

相关链接

胡庄尖山圣母堂 天主教教堂，位于济南市平阴县平阴镇胡庄村。胡庄尖山圣母堂有400多年的历史，与上海佘山、吉林江南圣母堂并列为全国三大天主教圣地。整个建筑群为哥特式风格，主要建筑有天主堂、神甫办公楼、神甫客房楼、花园等。

胡庄尖山圣母堂

烟台龙口南山风景区

文化名人

山东省是中华文化发祥地之一。数千年来，这片土地名人辈出，诞生了众多杰出的思想家、科学家、发明家、政治家、军事家、文学艺术家。他们当中有生于山东成长于山东者，也有生于山东在异地做出贡献者，还有祖籍在山东之外而为山东文化昌盛贡献了毕生精力者。

姜尚 （生卒年不详）字子牙，又名吕尚，尊称太公望，世称姜太公，商末周初东海上（今山东日照）人。杰出的韬略家、军事家、政治家。商朝末年家贫。70 余岁时，钓于渭滨，得遇周文王。文王采纳其谋略，暗中积蓄力量，形成“三分天下有其二”的局面，奠定了灭商基础。周武王即位后，尊其为“师尚父”，助武王制订伐纣方略，并在牧野之战中亲自上阵，为周灭商立下大功。封于齐，都营丘（今山东临淄）。治国“因其俗，简其礼，通工商之业，便之利”，为齐国成为春秋霸主奠定了基础。兵书《六韬》世传为其所作。明代著名小说《封神演义》将其神化，民间也广为供奉，尊为“百家宗师”。今山东日照市、福建石狮市等地建有姜太公纪念馆。

管仲 （？—前 645 年）名夷吾，字仲，谥敬，春秋时期颍上（今安徽省阜阳市颍上县）人。哲学家、政治家、军事家，被誉为“法家先驱”。初事公子纠。公子小白（即齐桓公）取得君位后，因鲍叔牙推荐，不计前嫌，任命管仲为卿，尊为仲父。执政期间，因势制宜，施行改革。推行国野分治、按土地肥瘠征税等措施，使齐国日益富强。采取“尊王攘夷”的方针，尊崇周王权力，灭掉不服从的小国，多次召集诸侯会盟，使齐桓公成为春秋五霸之首。今《管子》一书，或为战国齐稷下学者托名管仲所作，有汉代附益部分，内容庞杂，涉及政治、经济、哲学等诸多方面。淄博市临淄区南牛山北麓存管仲墓，2004 年扩建为管仲纪念馆。

孔子（前551—前479年）名丘，字仲尼，春秋末期鲁国陬邑（今山东曲阜）人。伟大的思想家、教育家、政治家，儒家学派创始人。先世为宋国贵族，少贫贱，51岁任中都（今山东省汶上县西）宰，次年升司空，又升大司寇，摄相事。后为鲁国当政者排挤，去鲁而周游卫、宋、陈、蔡、齐、楚等国，然皆不为所用。晚年返鲁，整理删订《诗》《书》《易》《春秋》等古代典籍，聚徒讲学，弟子三千，贤者七十余人，最著名的有颜回、曾参、子贡、子路等。其弟子及再传弟子以其言行为主体编成《论语》一书。孔子思想以“天道”为背景，以“仁”为核心，以“礼”“乐”为行为规范，以“中庸”为道德准则。汉武帝“罢黜百家，独尊儒术”后，其学说逐渐成为官方哲学。宋明时期，又发展出程朱理学、陆王心学。2500多年来，孔子对中国的政治、思想、法律、社会、文化以及人们的行为规范等，都产生了重要而深远的影响。历代统治者都很重视祭孔，封谥日隆，如唐玄宗封“文宣王”，宋真宗封“至圣文宣王”，元成宗封“大成至圣文宣王”，明世宗封“至圣先师”。其影响辐射东亚、东南亚，形成“儒家文化圈”。在启蒙运动以来的西方也引起极大关注，与柏拉图、亚里士多德一起被世界公认为人类“轴心时代”的伟大圣人。孔子嫡派后裔自2000多年前的西汉时期就有世袭封号，到北宋仁宗（1055年）改封“衍圣公”，1935年改封“大成至圣先师奉祀官”。今山东曲阜保存的“三孔”——孔庙、孔府、孔林，1994年被联合国教科文组织列为世界文化遗产。

相关链接

曲阜与“三孔” “千年礼乐归东鲁，万古衣冠拜素王。”山东曲阜与孔子的名字紧密相连，享誉全球。在两千多年漫长的历史长河中，儒家文化逐渐成为中国的正统文化，并影响东亚和东南亚各国，成为东方文化的基石。曲阜的孔庙、孔府、孔林，统称“三孔”，以丰厚的文化积淀、悠久的历史、宏大的建筑规模、丰富的文物珍藏、极高的科学艺术价值和学术研究价值而著称，是中国历代纪念孔子、推崇儒学的见证。

孔庙大成殿

孔子学院 孔子学院是中国国家对外汉语教学办公室在世界各地设立的推广汉语、传播中国文化和国学的教育和文化交流机构。其职能是给世界各地的汉语学习者提供正规的汉语教学渠道和规范权威的现代汉语教材。全球首家孔子学院于2004年11月21日在韩国首尔设立，至2015年12月，中国国家汉办已在全球134个国家合作开办了500所孔子学院和1000个孔子课堂。孔子学院已成为汉语教学推广与中国文化传播的全球品牌和平台。

德国的孔子学院

尼山书屋 尼山书屋由山东友谊出版社2012年5月创建于第二届尼山论坛，本部位于中国曲阜尼山脚下的中国孔子

孔林

研究院。它是中外文化交流的重要平台和桥梁，具有收藏和展示中外文明对话图书成果、举办各类中外文化交流主题活动、开展国际合作出版、搭建图书销售平台等四大功能。自 2013 年 7 月首家海外尼山书屋落地至今，已有 12 家海外尼山书屋在马耳他、俄罗斯、波兰、新西兰、意大利、阿根廷、澳大利亚、美国 8 个国家落地。有 6000 多册优秀图书通过尼山书屋走出国门，与海外读者见面。2015 年 7 月，首家数字尼山书屋在新西兰奥克兰顺利落地，实现数字化阅读。海外尼山书屋落地后，开展各种主题文化活动，在当地产生重要影响。

尼山书屋分布图

孙武 （生卒年不详）字长卿，春秋时期齐国乐安（今山东惠民、博兴一带）人。著名军事家、政治家，被誉为“兵圣”“百世兵家之师”。以兵法见吴王阖闾，被任为将，率吴军西破楚国，五战五胜，北威齐、晋，显名诸侯。有《孙子兵法》传世，为“百代谈兵之祖”，首次揭示了“知彼知己，百战不殆”这一指导战争的普遍规律，总结了若干至今仍有科学价值的作战指导原则，在世界军事科学史上有着极为重要的地位。其后代孙膑，著有《孙膑兵法》。1972 年 4 月，山东临沂银雀山汉墓出土记载《孙子兵法》与《孙膑兵法》的汉代竹简。2002 年山东惠民县建孙子兵法城，2014 年江苏苏州孙武文化园、山东广饶孙子文化园相继开放。

左丘明 （生卒年不详）春秋末期鲁国都君庄（今山东肥城）人。史学家，鲁国史官。相传他根据《春秋》纪年汇集春秋各国史料编成《左氏春秋》（又称《春秋左氏传》《左传》《春秋内传》）。该书为《春秋》三传之一，是中国第一部叙事完整的编年体史书，具有重要的史料价值。又传《国语》（又称《春秋外传》《左氏外传》）亦为其所著，记录了西周 、春秋时期的重要史事，是中国最早的国别体史书。孔子、司马迁尊左丘明为“君子”，唐代敕封“经师”，宋代敕封“瑕丘伯”“中都伯”，明代敕封“先儒”“先贤”。1999 年山东省肥城市重修左丘明墓。

鲁班 （生卒年不详）姓公输，名般，春秋时期鲁国人。“般”与“班”同音，故称“鲁班”。中国古代杰出的发明家、建筑工程家。其名字散见于先秦诸子的论述中，被誉为“鲁之巧人”。《墨子》载其“为楚造云梯之械”，能“削竹木以为鹊，成而飞之”。王充《论衡》说他能造木人木马。唐代以后，民间关于鲁班的传说更加普遍。相传他发明了木工使用的曲尺、墨斗、刨子、锯子等工具，帮助建筑工匠解决技术难题，大大提高了劳动效率，因而被尊为土木工匠的始祖。他还发明了钩强等古代兵器，以及石磨、碾子等农业机具，被今人誉为“中国科技发明之父”。由建设部和中国建筑业协会设立的“中国建筑工程鲁班奖”，是中国建筑行业工程质量的最高荣誉。现滕州市建有鲁班纪念馆。

墨子 （约前468—前376年）名翟，春秋战国时期滕国（今山东滕州市）人，一说鲁阳人，或宋国人。著名的思想家、科学家、军事家。墨家学派的创始人及主要代表人物。他在哲学上重视“耳目之实”的实证经验，政治上提出“兼爱”“非攻”“尚贤”“节用”等十大主张。他大量地运用了逻辑推论的方法，提出了辩、类、故等逻辑概念。墨家有严密的组织纪律，穿短衣草鞋，参加劳动，崇尚苦修。在先秦时期，墨家的影响很大，为“显学”之一，百家争鸣中有“非儒即墨”之说。墨子在数学、力学、光学、工程学等科学领域也颇有建树，提出了一系列相关理论和概念。其发现的小孔成像原理是照相机等现代光学仪器的理论基础。今传《墨子》一书，为墨子的弟子及再传弟子对他言行的记录。现滕州市建有墨子纪念馆。

扁鹊 （生卒年不详）姓秦，名越人，“扁鹊”是他的绰号，相传当时的人借用上古神话黄帝时神医“扁鹊”名号来称呼他。战国初齐国渤海郡鄚（今河北任丘）人，家于卢（今山东长清）。中国古代著名中医学家，被尊为“医祖”。精通内、外、妇、儿、五官各科，善于运用“四诊”（望、闻、问、切），尤其擅长望诊、脉诊之法，用切脉诊病是其首创。应用砭刺、针灸、按摩、汤液、热熨等法治疗疾病，有“起死回生”之术。《史记》《战国策》载有他的传记和病案，《汉书·艺文志》著录有《扁鹊内经》《扁鹊外经》，已佚。现存《难经》题“秦越人撰”。陕西西安市临潼区有扁鹊纪念馆。

孟子 （约前372—前289年）名轲，字子舆。战国时期鲁国邹（今山东邹城）人。中国古代著名思想家、政治家、教育家，儒家学派重要代表人物。鲁国贵族孟孙氏后裔。幼年丧父，母“三迁”其居，使近学宫习礼知学。受业于孔子嫡孙子思之门人。历游于齐、宋、滕、魏等国，一度任齐宣王客卿。晚年退而与弟子万章等著书立说。今存《孟子》一书共7章，记录了孟子的语言、思想与政治活动。孟子继承并发扬了孔子的思想，世称“孔孟之道”，构成了中国儒家思想的核心，对后世影响巨大。他主张行“仁政”，提出“民贵君轻”“人性本善”等说，以期说服诸侯，反对武力兼并。又倡“良知”“良能”说，教人存心养性。宋元之际，孟子配享孔庙，称“亚圣”。今山东邹城有“三孟”——孟庙、孟府、孟林。

刘洪 （约 129—210 年）字元卓，东汉泰山郡蒙阴（今山东蒙阴）人。天文学家、数学家。汉代宗室，官至山阳太守。博学，精天文历算。汉光和年间，与东汉文学家蔡邕一起续补《汉书·律历记》，参与月食预报、交食周期的论争。著有《七曜术》《八元术》《乾象历》等，并为《九章算术》作注。《乾象历》是第一部引进月球运动不均匀性的历法，三国吴时颁行使用。把日月食回归年的长度定为 365.2462 日，确立了中国古代的近点月概念与其长度的计算方法，发明了正负数加减法，并改筹算为珠算，被尊为“珠算之父”“算圣”。山东临沂人将算圣刘洪，同智圣诸葛亮、书圣王羲之，并称为“琅琊三圣”。蒙阴县建有刘洪公园。

诸葛亮 （181—234 年）字孔明，三国时期琅琊阳都（今山东沂南）人。中国古代杰出的政治家、军事家。东汉末，为避战乱，随叔父往依荆州刘表，隐居南阳隆中（今湖北省襄阳市西）。汉建安十二年（207 年），刘备三顾茅庐，他向刘备提出占据荆、益两州，西和诸戎，南抚夷越，联合孙权，共抗曹操良策，从此成为刘备的主要谋士。次年，曹操大军南下，诸葛亮出使东吴，力促孙刘联合，获得赤壁之战的胜利。蜀汉政权建立后，任丞相。发明木牛流马、孔明灯等，改造连弩，极为后世所推崇，成为忠臣的楷模和智慧的化身。著有《诸葛亮集》，前后《出师表》为其代表作。1992 年，山东沂南县建诸葛亮故居纪念馆。全国尚存四川成都市武侯区、河南南阳市卧龙区、湖北襄阳市隆中等 9 处武侯祠。

王羲之 （303—361 年）字逸少，号澹斋，东晋琅琊临沂（今山东临沂）人。中国古代著名书法家，有“书圣”之称。初官秘书郎，迁右军将军、会稽内史，世称“王右军”。书法初学卫夫人，后师张芝、钟繇，又参研众碑，博采各家之长，精研体势，形成朴茂自然、遒美雄逸的自家书风。备精诸体，尤擅行书，其代表作《兰亭序》被誉为“天下第一行书”，受到历代推崇。与钟繇并称“钟王”，与其子王献之并称“二王”。其作品历经朝代更迭，已无真迹，流传至今且较为可信的摹拓本有《黄庭经》《快雪时晴帖》和八柱本《兰亭序》等。今山东临沂市建有羲之公园，内存王羲之故居。2003 年开始，临沂市每年举办“书圣文化节”。

刘勰 （约 465—约 532 年）字彦和，祖籍东莞莒县（今山东省莒县），世居京口（今江苏镇江，时称南东莞），南朝时人。著名文学理论批评家。早孤，笃志好学，不婚娶，依沙门僧祐居建康（今江苏南京）定林寺十余年，精研佛理，饱览经籍，撰成《文心雕龙》。梁武帝时入仕，任东宫通事舍人等职，为昭明太子萧统、沈约等所重。晚年出家，法号慧地。代表作《文心雕龙》，是中国历史上第一部系统的文学理论著作，全面总结前代文学现象，论述诗、赋等各之体作品的特征和历史演变，探讨文学创作、批评的原则和方法。自 1914 年著名文字学家黄侃在北京大学讲授《文心雕龙》始，此书愈为学者重视，形成一门专门学问——“文心雕龙学”（简称“龙学”），已有韩、日、英、意、德 5 种文字的译本，影响甚巨。今山东莒县浮来山定林寺内有刘勰故居。2005 年江苏省南京市在钟山南麓定林山庄建刘勰与文心雕龙纪念馆。

贾思勰 （生卒年不详）北魏齐郡益都（今山东青州、寿光一带）人。中国古代杰出的农学家。曾任高阳郡（今山东临淄）太守。北魏末年，写成《齐民要术》一书，由耕田、谷物、蔬菜、果树、树木、畜产、酿造、调味、调理、外国物产等各章构成，系统总结了6 世纪以前黄河中下游地区农牧业生产经验，建立了较完整的农学体系，是中国现存最早、最完整的大型农业百科全书，对中国古代农学的发展产生了重大影响。《齐民要术》传播海外，被称为研究古物种变化的经典。现山东寿光市建有贾思勰农学院，淄博市临淄区建有贾思勰纪念馆。

颜真卿 （709—784 年）字清臣，唐琅琊临沂（今山东临沂）人。唐代著名政治家、书法家。官至吏部尚书、太子太师，封鲁郡公，世称“颜鲁公”。曾起兵20万抵抗安禄山叛乱，被推为盟主。德宗时，奉诏劝谕叛乱的李希烈，以身殉国。工书法，初学褚遂良，后师从张旭，自创一体。其书法雄秀端庄，饶有筋骨，善用中锋，大气磅礴，彻底摆脱初唐南派书法的风范，有盛唐气象。传世作品以碑刻居多，代表作有《多宝塔碑》《颜勤礼碑》等，行书《祭侄季明文稿》被誉为“天下第二行书”。与柳公权并称“颜柳”，有“颜筋柳骨”之誉。与欧阳询、柳公权、赵孟頫并称为中国“楷书四大家”。著有《颜鲁公文集》。今山东省临沂市费县、德州市陵城区均有颜真卿公园。

张择端　（生卒年不详）字正道，北宋琅琊东武（今山东诸城）人。著名画家。幼读书游学于汴京（今河南开封），后习绘事。宋徽宗朝（1101–1125 年）供职翰林国画院，擅绘楼观、屋宇、林木、人物。《清明上河图》为其传世的代表作，中国绘画史上的稀世奇珍。作品长 528.7 厘米，宽 24.8 厘米，采用全景式构图，描绘了当年汴京近郊的生活场景和汴河漕运的繁忙景象，气势恢宏，结构严密，刻画细致，栩栩如生，为研究北宋时代的经济、社会、风俗、建筑等提供了重要佐证。原作现藏于北京故宫博物院，为镇馆宝物之一。山东诸城和河南开封建有“清明上河园”，分别设有张择端故居和张择端纪念馆。

李清照　（1084—约 1151 年）号易安居士，宋齐州章丘（今山东章丘）人。中国古代最著名的女词人，婉约词派宗主，有“千古第一才女”之称。出身儒宦之家，少负才名，与丈夫赵明诚收藏研究金石书画，成《金石录》。擅长书画，通晓金石，工于诗文，以词擅名，独步一时，流传千古。其词形式上善用白描手法，自辟蹊径，语言清丽。如“此情无计可消除，才下眉头，却上心头”(《一剪梅》)、“莫道不销魂，帘卷西风，人比黄花瘦”（《醉花阴》)、“寻寻觅觅，冷冷清清，凄凄惨惨戚戚”（《声声慢》)。其诗多感时咏史，情辞慷慨。如“生当作人杰，死亦为鬼雄。”(《夏日绝句》)后人辑其著作为《漱玉集》。今济南趵突泉漱玉泉边、章丘百脉泉畔以及山东青州、浙江金华均建有李清照纪念堂（馆）。

辛弃疾　（1140—1207 年）字幼安，号稼轩，宋济南历城人。著名词人，豪放派代表人物之一，人称“词中之龙”，与苏轼合称“苏辛”，与李清照并称“济南二安”。一生力主抗金，创建飞虎军，雄镇一方。擅词，风格多样，以豪放为主，悲壮激烈，抒写力图恢复山河的爱国热情和壮志难酬的悲愤。如“天下英雄谁敌手？曹刘。生子当如孙仲谋”（《南乡子》)、“更能消，几番风雨？匆匆春又归去”（《摸鱼儿》)、“七八个星天外，两三点雨山前”（《西江月》)。著有词集《稼轩长短句》和政论《美芹十论》等。今济南市大明湖畔有辛弃疾纪念祠，历城区遥墙镇四风闸村有辛弃疾故居。

蒲松龄 （1640—1715年）字留仙，一字剑臣，别号柳泉居士，世称聊斋先生，山东淄川（今山东淄博市淄川区）人。清朝著名小说家，被称为“中国古代短篇小说之王”。四次考举人皆不第，72岁时始为贡生。久为乡村塾师，间至宝应县为幕宾。其小说集《聊斋志异》共491篇，40余万字，多采自民间传说和野史轶闻，花妖狐魅，精怪陆离，实对时弊多所抨击，为中国古代文言小说的高峰，《婴宁》《小谢》《促织》《画皮》等皆脍炙人口。《聊斋志异》国内外版本达30余种，以《聊斋》故事为内容编写的戏剧、电影、电视剧达160多出（部）。其诗文、辞赋、俚曲等作品集，亦以“聊斋”命名，另著《婚嫁全书》《药祟书》等。淄博市淄川区于1980年在蒲松龄故居基础上建立了蒲松龄纪念馆。

王献唐 （1896—1960年）原名凤琯，改名琯，字献唐，号凤笙，室名双行精舍等，山东日照人。著名学者，国学专家，图书馆事业家。幼承家训，治学严谨，精于考古、金石、文字、音韵、目录、版本、校勘之学，在诗词、书画、篆刻方面亦极有造诣。1929—1960年，历任山东省立图书馆馆长、私立齐鲁大学教授、山东省博物馆筹备处副主任等职。锐意搜罗乡邦文献，参与城子崖考古发掘，使山东省图书馆及附设金石保存所成为“北方图书文物之重镇”。1937年抗日战争爆发，择山东文献文物精华，辗转万里，历尽艰辛，藏于曲阜奉祀官府、四川乐山大佛寺、南京中央博物院等地，使文脉得以保存。著《国史金石志稿》《炎黄氏族文化考》《中国古代货币通考》《五灯精舍印话》《双行精舍书跋辑存》等，逾千万字。

季羡林 （1911—2009年）字希逋，山东临清人。著名学者、东方学家。历任中国科学院哲学社会科学部委员、北京大学副校长、中国社会科学院南亚研究所所长、北京大学终身教授。早年留学国外，精通英、德、梵、巴利文，能阅读俄文、法文，是世界上仅有的精于吐火罗文的几位学者之一。主要研究著述领域有印度古代语言、佛教史、吐火罗语、比较文学、翻译介绍印度文学作品等。代表作有《原始佛教的语言问题》、《罗摩衍那》（译著）、《永久的悔》（散文）等。

丁肇中　1936 年生，华裔美国籍，祖籍山东日照。著名实验物理学家，诺贝尔物理学奖获得者，美国国家科学院院士，中国科学院首批外籍院士。现任美国麻省理工学院教授、中国科学院高能物理研究所学术委员会委员，国内数所大学的名誉教授。他在实验粒子物理、量子电动力学及光与物质相互作用等领域取得卓越成就，因为“发现一种新型的重的基本粒子中所做的先驱性工作”而获得 1976 年诺贝尔物理学奖。近年来，领导的阿尔法磁谱仪（AMS）项目，让人类在认识暗物质的道路上迈出重要一步。长期以来，心系祖国，热心培养中国高能物理学人才，已接纳上百名中国青年学者在身边工作。

管华诗　1939 年生，山东夏津人。水产品加工、海洋生物及海洋生物工程制品专家。中国工程院院士，中国海洋大学校长、教授、博士生导师，中国国家海洋药物工程技术研究中心主任。长期从事海洋生物资源高值化利用及海洋药物的教学科研工作，获 10 多项发明专利，为中国制碘工业发展做出突出贡献。作为中国海洋药物学的开拓者和学术带头人之一，研制出一系列海洋新药和功能食品，并创建中国第一个海洋药物化学本科专业，形成了海洋药物领域相对完善的人才培养体系。领衔研发“海洋特征寡糖的制备技术（糖库构建）与应用开发”项目，获 2009 年度国家技术发明一等奖。

莫言　1955 年生，原名管谟业，山东高密人。中国当代著名作家，2012 年诺贝尔文学奖获得者。有语言天赋，酷好读书，但幼时家贫，小学五年级便辍学务农。1976 年参军，1984 年考入解放军艺术学院文学系，1985 年因《透明的红萝卜》成名。1986 年，其作品《红高粱》引起国内文坛轰动，1993 年英译本在欧美出版，在西方国家引起强烈反响。其作品通过幻觉现实主义，将民间故事、历史与当代社会融合在一起，充满“怀乡”及“怨乡”的复杂情感，被归类为“寻根文学”。迄今共发表 80 多篇短篇小说、30 部中篇小说、11 部长篇小说，代表作有《红高粱家族》《透明的红萝卜》《酒国》《生死疲劳》《蛙》等。其作品已被翻译成 40 余种语言。

巩俐 山东济南人。著名电影演员，毕业于中央戏剧学院。1987 年因主演电影《红高粱》而成名。凭借电影《红高粱》《秋菊打官司》《霸王别姬》分别获得德国柏林“金熊奖”、意大利威尼斯“金狮奖”、法国戛纳“金棕榈奖”，成为华语影坛唯一、世界影史第二，包揽欧洲三大国际电影节最高奖的演员，并且是首位担任欧洲三大国际电影节评委会主席的华人。主演中外影片 20 余部，在中国和世界获奖无数。演艺事业之余，热心公益事业，被聘为联合国促进和平艺术家、联合国粮农大使、全球环境保护大使，被法国文化部授予“艺术与文学勋章”司令勋位。

相关链接

山东的其他历史名人

思想文化：曾参（前 505—前 435 年）、颜回（前 521—前 481 年）、荀况（约前 313—前 238 年）、郑玄（127—200 年）、仲长统（179—220 年）、王弼（226—249 年）

政治军事：晏婴（公元前 578—前 500 年）、司马穰苴（一作田穰苴，春秋末期，穰苴 rángjū）、吴起（前 440—前 381 年）、孙膑（战国初期）、匡衡（西汉时期）、戚继光（1528—1588 年）

历史学：华峤（？—293 年）、崔鸿（478—525 年）、马骕（1621— 1673 年）

文学艺术：东方朔（西汉时期）、徐干（170—217 年）、王粲（177—217 年）、孔融（153—208 年）、左思（约 250—305 年）、王献之（344—386 年）、鲍照（约 415—470 年）、李成（919—967 年）、张养浩（1270—1329 年）、李开先（1502—1568 年）、冯惟敏（1511—1578 年）、李攀龙（1514—1570 年）、孔尚任（1648—1718 年）、王士禛（1634—1711 年）、高凤翰（1683—1749 年）、刘墉（1719—1804 年）、王懿荣（1845—1900 年）、丁惟汾（1874—1954 年）、李苦禅（1899—1983）、屈万里（1907—1979 年）、牟宗三（1909—1995 年）、杨朔（1913—1968 年）、任继愈（1916—2009 年）、孙大石（1919—）、孔德成（1920—2008 年）、欧阳中石（1928—）、韩美林（1936—）、刘大为（1945—）

科学技术：伯乐（春秋时期）、甘德（战国时期）、何承天（370—447 年）、氾（音 fán）胜之（西汉时期）、王朴（906—959 年）、燕肃（961—1040 年）、王祯（1271—1368 年）、郭永怀（1909—1968 年）、卢鹤绂（音 fú）（1914—1977 年）

医药名家：淳于意（约前 205—？）、王叔和（201—280 年）

以其名字为水星环形山命名的 15 位中国艺术家

伯牙：春秋战国时代的音乐家；蔡琰：东汉末女诗人；李白：唐代大诗人；白居易：唐代大诗人；董源：五代南唐画家；李清照：宋代女词人；姜夔：南宋音乐家；梁楷：南宋画家；关汉卿：元代戏曲家；马致远：元代戏曲家；赵孟頫：元代书画家；王蒙：元末画家；朱耷：明末清初画家；曹雪芹：清代文学家；鲁迅：中国现代文学家。

山东省气候适宜农作物生长，盛产小麦、玉米、棉花等大宗农作物，瓜果蔬菜品类丰富；属沿海省份，鱼虾贝类捕捞和养殖便利。受这样的地域特色影响，山东形成了淳厚质朴的民风和丰富多彩的习俗，服饰民俗、饮食民俗、居住民俗等均富有“齐鲁之邦”的地方特色。

第三章

民风民俗

- 生活习俗
- 人生礼仪
- 传统节日
- 民间文学
- 民间信仰
- 民间游艺

潍坊杨家埠木版年画制作

山东省气候适宜农作物生长，盛产小麦、玉米、棉花等大宗农作物，瓜果蔬菜品类丰富；属沿海省份，鱼虾贝类捕捞和养殖便利。受这样的地域特色影响，山东形成了淳厚质朴的民风和丰富多彩的习俗，服饰民俗、饮食民俗、居住民俗等均富有“齐鲁之邦”的地方特色。

生活习俗

鲁锦

蓝印花布枕头

1. 服饰民俗

山东是中国主要产棉区之一，又是柞蚕丝生产的发源地，春秋时期齐国的蚕桑丝绸业已经很发达，素有“鲁缟齐纨”之称。传统文化给山东服饰民俗以深深的影响，朴质素雅是固有传统，华丽多彩是人们喜欢的风格。

（1）鲁锦

鲁锦是鲁西南民间织锦的简称，因其纹彩绚丽、灿烂似锦而得名，当地叫“提花斗纹布”。是山东独有的一种纯棉手工提花纺织品，在鲁西南极为兴盛。旧时，姑娘结婚，必须用自织花布做成的被褥、床单、门帘、枕头、枕巾、手巾、服饰等作为嫁妆，以显示新媳妇的灵巧和聪慧。故此项工艺代代相传，日臻精湛。小女孩 10 岁左右就跟着母亲学纺线、染线、浆线、经线、上杼、做综、上梭，织出各式各样的花棉布，产生了变化无穷的几何纹样，表现乡妇村姑们对抽象的纹样和色彩的敏锐悟性。“鲁锦织造技艺”于 2008 年被认定为国家级非物质文化遗产。

（2）蓝印花布

又称“青花布”，工艺复杂。先把镂空花版铺在白布上，用抹子把由豆面、石灰等拌成的防染浆剂刮入花纹空隙，漏印于布面，等到干后浸染靛（音 diàn）蓝，然后刮去染浆粉，就显现出蓝白花纹。有散花、缠枝花、格子花、满地花等形式。

孔府菜

2. 饮食习俗

山东饮食以爆、炒见长，味型以咸鲜取胜，口味适中。长期以来，创造了著名的鲁菜和多彩纷呈的风味名吃。

鲁菜 鲁菜位居中国“四大菜系”之首，是北方菜的代表。经过几千年的积累，已成为黄河流域与海滨烹饪文化的集大成者，形成了以济南菜、胶东菜、孔府菜三大分支为主体的饮食体系。鲁菜名品众多，佳肴迭出，其代表菜品有糖醋鲤鱼、九转大肠等。

相关链接

德州扒鸡　德州五香脱骨扒鸡，在清代已远近闻名。德州扒鸡的传统做法有烧、熏、酥、炸、卤等多样方法，制成的扒鸡用筷子一抖，即骨肉分离，谓之“脱骨”。德州扒鸡的风味是清香不腻，鲜嫩松软。

德州扒鸡

潍县朝天锅　朝天锅是潍坊的一种大众化食品。由于当年经营这类饮食者是露天摆设，锅顶无遮无盖，所以得此名称。朝天锅是用鸡肉、驴肉煨汤、以煮猪下货为主，配以各种小料，加以薄饼卷食，其味无穷。

潍县朝天锅

周村烧饼　历史悠久，因产于淄博周村而得名，至今已有1800多年历史，驰名中外。以传统工艺精工制作而成，为纯手工制品，有“酥、香、薄、脆”四大特点，富有营养，老少皆宜，是国家无公害农产品、国家绿色食品。中国烹饪协会认定其为“中华名小吃”。“周村烧饼制作技艺”2008年入选国家级非物质文化遗产名录。

周村烧饼

煎饼　将五谷杂粮磨成面糊，倒入烧热的鏊（音ào）子，用煎饼筢子摊平烙制而成。煎饼种类较多，从原料上看，有米面、豆面、玉米面、高粱面、地瓜面等；按口味不同，有咸、酸、甜、五香等。煎饼易保存，卷以小菜而食，风味别致。山东济南的“糖酥煎饼”，饼薄如纸，香酥甘甜，曾为宫廷供品。临沂和日照等地的煎饼以薄而香出名，种类多样，广为人知的煎饼卷大葱便是当地的特色。山东泰安地区楼德镇有“中国煎饼第一镇”美名，楼德镇的煎饼已经有上千年的历史。

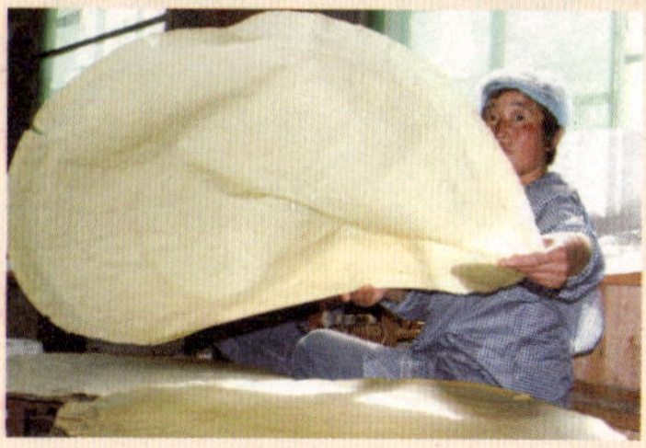

泰安煎饼

山东滕州大宗村四合院

胶东海草房

枣庄石板房

3. 居住习俗

当今，山东大量农村人口向城市集中，住楼房。对于多年生活在农村的农民，各地的居住习俗因不同的地域和文化传统而呈现不同的特色。

（1）四合院

山东院落基本以四合院为主，少数山区和平原农村地区也有一定数量的三合院。四合院以两进为主，少数是多进和并列的形式，各地四合院受地形空间和财力的影响，面积大小不一。

（2）海草房

海草房以厚石砌墙，用海草晒干后作为材料苫盖屋顶。由于海草含有大量的卤和胶质，用它苫成厚厚的房顶，除了有防虫蛀、防霉烂、不易燃烧的特点外，还具有冬暖夏凉、居住舒适、百年不毁等优点，深得沿海居民喜爱。

（3）石板房

石板房是山区村民用石块、石板，因地制宜、就地取材而建筑的住房。枣庄市山亭区、临沂市部分山区还存在这样的老房子。石板房依山而建，古朴粗犷，最长的建造历史有 260 余年。

（4）船居习俗

船居是微山湖渔民特殊的居住习俗。坐家船，是生产和居住两用船，船上的用电来源于风力发电和太阳能发电。湖上打鱼，湖上狩猎，船行到哪儿，在哪儿安家，儿童在哪儿上学，形成独特的水上风景。

大运河船居渔民

相关链接

牟氏庄园 位于栖霞市。始建于清雍正年间（18世纪初），到1935年形成最大规模。是中国北方规模最大、全国保存最为完整、最具典型性的封建地主庄园。1988年被国务院公布为“全国重点文物保护单位”。庄园主曾拥有房产5500多间，土地40平方千米，山岚80平方千米。庄园现保存厅堂楼厢480多间，占地2万余平方米。庄园的建筑有“三大怪”：“穿堂门儿一线开，炕洞设在寝室外，烟囱立在山墙外。”整个庄园共分3组，面南背北，规模恢宏，古朴壮观，包括6个院落，建有万堂楼。纵观重重四合院相叠，横看条条通道相间，层次清晰，主次分明。集中国历史文化、建筑文化、民俗文化之大成，被众多专家学者评价为“百年庄园之活化石”“六百年旺气之所在”。

牟氏庄园

魏氏庄园 位于惠民县。建于清光绪十六至十九年（1890—1893年），是中国最大、保存最完整的清代城堡式民居。仕宅按照《清工部工程则例》设计，同时具有典型的地方风格。主体结构为清代小式木作台梁式构架，建筑形式为砖石木混合结构。平面布局是按照中国汉族民居传统方式，沿南北纵轴对称设计，并按前堂后寝的原则依次排列，整个院落错落有致、流线分明。鳞次栉比的房屋与高耸的城垣融为一体，突出了能攻易守、进退自如的军事防御功能。

魏氏庄园

人生仪礼

山东是"孔子故乡""礼仪之邦"，在人生仪礼方面特别讲究，形成了历史悠久、形式多样、内容丰富的人生礼仪。

1. 生育礼俗

山东的生育礼俗包括祈子、挂红子、报喜、坐月子、铰头、过满月、过百岁、过周岁、起名、认干亲等等。每种礼俗因地域文化的不同又呈现多样性的特点，如山东各地有不同的祈子方法，包括"押子""舍饭""鸡蛋祈子""拴娃娃"等。

2. 婚嫁礼俗

山东传统的婚嫁礼俗大多按照"六礼"程序进行，即纳采、问名、纳吉、纳征、请期、亲迎。后来的婚嫁礼俗在传统基础上传承演变，主要包括议婚、合婚、传小启、传大启、送日子、置新房、置嫁妆、送喜礼、请总管、定大客、下催妆、送嫁妆、上头开脸、搬客、暖嫁、控食、吃离娘饭、告冠、上喜坟、铺床、贴喜联、迎娶、拜堂、坐帐、宴客、赶喜、合卺、闹房、听房、请安、庙见、回门等程序。此外，山东旧时还有一些特殊的婚嫁礼俗，如指腹婚、娃娃亲、招赘等。

3. 寿诞礼俗

一般而言，山东地区祝寿对象大都在50岁以上。也有的不论年龄、辈分，有了孙子后，就可庆寿。民间祝寿尤其重视60、70、80整寿。在鲁西南，66、77也是重要的寿辰。

婚礼现场

4. 丧葬礼俗

山东地区受到儒家孝道思想的深刻影响，尤其重视丧葬礼俗，把它视为尽孝的重要体现。一般而言，山东地区老人去世后，相关的礼俗活动主要有小殓、指路、送浆水、送盘缠、大殓、吊唁、出殡、摔老盆、路祭、安葬、圆坟、烧七、烧百天、烧周年等。此外，还有一些特殊的丧葬礼俗，如童丧、武葬、客死、海上祭亡、孔府丧仪等等。

传统节日

济南趵突泉灯会

惠民县胡集书会

山东快书表演

与中国其他地区相似，山东各地传承至今的主要节日包括春节、二月二、清明节、端午节、中秋节和重阳节等，同时具有十分典型的山东本地特色。山东人一般认为春节要从腊八开始，经历祭灶、除夕，直至正月十六。春节期间，各地百姓赶年集、备年货、串亲戚、敬祖先、祭灶君、贴春联，拜大年，节俗活动丰富多彩，年味十足。清明，主要有禁火冷食、插柳、踏青、扫墓等习俗。清明插柳，百姓认为可以驱害辟邪；踏青郊游，流传着“清明踏了青，不害脚疼病”的民谚。潍坊一带百姓清明期间还有荡秋千、放风筝的习俗。民间认为端午当日为恶月中的恶日，需驱邪避灾，主要流传着插艾草、饮雄黄酒、吃粽子和鸡蛋等节俗活动。中秋节期间要祭月、吃月饼、团圆聚餐、串亲访友，民间俗语“男不拜月，女不祭灶”。重阳节，民间有登高辟邪、饮菊花酒、吃菊花糕等习俗。

此外，山东还传承着诸如济南趵突泉灯会、千佛山庙会、泰山东岳庙会及胡集书会等数十项具有鲜明地域特色的地方性节会。如济南趵突泉灯会是山东著名的灯会活动之一，每年农历正月十五最盛，在济南民间甚至有“不到趵突泉观灯不算过年”的说法。每年农历三月二十八和四月十八日，以庆贺东岳大帝和碧霞元君诞辰为主要内容的泰山东岳庙会则是一场汇集宗教、民俗、商贸等多种活动的民间盛会。胡集书会是流行于滨州市惠民县胡集镇一带的年度曲艺盛会，整场书会分为前节、正节与偏节三个时段。书会期间，民间艺人连演数日不歇，大鼓书、山东快书、山东琴书等民间曲艺轮番上演，节目精彩，观者如潮。

春节前年货市场

相关链接

潍坊杨家埠木版年画 春节期间汉族民间张贴的年画、门神，俗称“喜画”。旧时人们盛行于室内贴年画，户上贴门神，以祝愿新年吉庆，驱凶迎祥。每值岁末，城乡家家户户张贴年画、门神以及对联等，焕然一新，增添节日的喜庆气氛。此种习俗至今在中国广大农村依然流行。潍坊杨家埠木版年画始创于明末，用传统手工方式制作。初期受到杨柳青年画的影响，清代光绪年间达到鼎盛期，风行于黄河下游。杨家埠年画题材广泛，想象丰富，风格纯朴，线条粗犷，重用原色，为中国“四大年画”之一（另外三大年画为：四川绵竹、天津杨柳青、江苏桃花坞）。

潍坊杨家埠木版年画

戏曲《梁山伯与祝英台》舞台场景

民间文学

山东民间文学资源丰富且特色鲜明，既有创世神话和史前传说，也有历朝历代的名人事迹传说和地方风物传说，并由此衍生出生动曲折的传奇故事和民间歌谣。

影响最广泛的“中国民间四大传说”（《牛郎织女》《孟姜女哭长城》《梁山伯与祝英台》《白蛇传》），前3个都源于山东。千百年来作为孝文化楷模而被传颂的“二十四孝”的传说故事，故事原型在山东的有10个。鲁班、陶朱公、东方朔等先贤及泰山、崂山等名胜古迹的传说故事仍在齐鲁大地上广为流传。这些作品联想丰富，想象奇特，情节生动，描摹传神，反映现实方式巧妙，体现了历代山东人民高超的民间智慧。

山东民间流传的神话故事主要有：盘古开天辟地、身躯化生天地万物，女娲炼石补天、抟（音 tuán）土造人，共工怒触不周山致使洪水泛滥，鲧、禹治水，夸父逐日，羿射十日，嫦娥奔月，杨二郎担山，八仙过海等。内容丰富，品类繁多。最耐人寻味的是山东人民自己创造的神话，其中以泰山石敢当和秃尾巴老李最具代表性。神话涉及的神仙主要有玉皇大帝、王母娘娘、太上老君、八仙、阎王、雷神、电神、风神、雨神、火神、水神、土地神、海神娘娘、门神、厕神、财神、路神、桥神、蚕神、谷神、酒神、药王、和合神、魁星、钟馗（音 kuí）、关帝等。其中尤以八仙最具山东特色。

山东流传较广的民间故事有兄弟分家、姑嫂斗智、长工和地主、穷学生和富家小姐、县（州）官断案、傻子闹笑话、动物报恩等类型。故事讲述的都是百姓的生活内容和喜怒哀乐，情节曲折多变，人物刻画生动鲜活，极富魅力。与民众生产生活息息相关的民间歌谣、谚语、歇后语、俗语等多种民间文学艺术形式广泛流传。山东的民间歌谣丰富，感情真挚淳朴，且短小精悍、合辙押韵、朗朗上口，最为著名的当属沂蒙山小调、打夯歌、船工号子等。山东谚语简练通俗而富有哲理，有的还讲究押韵、对称，主要包括生产类、事理类、生活类，如“人无远虑，必有近忧”等。山东俗语内容丰富，语言生动，地域特色鲜明。山东歇后语诙谐幽默，谜语启人心智、饶有情趣，民众喜闻乐见。

民间信仰

山东地区的民间信仰体系按所祀神灵影响范围由大到小可分为三种类型：朝圣型信仰、地区型信仰、生活型信仰。朝圣型信仰在山东全境乃至全国都有巨大的影响力，地区型信仰则指的是在山东某一地区具有代表性的神灵信仰，生活型信仰则与民众的日常生活息息相关。

朝圣型神灵信仰

多样的文化形态使山东形成了众多文化中心，而每个文化中心又塑造出一位在全国范围内都极具影响力的神祇。山东最有影响的此类信仰为泰山信仰、孔子信仰。

地区型神灵信仰

地区型神灵信仰指一个地域范围内具有代表性的神灵信仰。山东境内的地方神灵主要有颜文姜、炉神姑、孟姜女、孙膑、奚仲、志公、河大王、秃尾巴老李、八蜡神、刘猛将军等。

淄博市淄川区罗村镇莲花庵的三面观音像

泰山祭神现场

生活型神灵信仰

生活型神灵信仰具体包括祖灵信仰、家神信仰、社区神信仰、行业神信仰、至高神信仰、降福增寿神信仰、护生祛病神信仰、恶神信仰以及各种禁忌等。

祖灵即是祖先，其信仰活动体现为以家族为单位祭祀祖先的习俗。家神指的是长住家中，时时享受供奉的神灵，如门神、灶神、财神等。社区神指的是掌管一片地域的神灵，如土地神、山神、城隍等。行业神指的是各行各业的保护神，如鲁班、梅葛二仙、孙思邈、罗祖、杜康等。至高神指的是处在众神之上的神灵，其职能主要是掌管其他神灵，山东境内的至高神主要有玉皇大帝与王母娘娘、释迦牟尼、无生老母等；护生祛病神灵主要有碧霞元君、观音菩萨、送子娘娘、痘疹娘娘、眼光娘娘等；以降福增寿为神职的神仙主要有福禄寿三官、八仙等。瘟神、太岁及穷神则被人们视为恶神而竭力远离或避开。另外在山东境内存在着很多禁忌，主要表现在形体、语言、日常生活、岁时节日、人生礼仪和生产经营等方面。

坐落在淄博博山区凤凰山麓的颜文姜祠灵泉庙

螳螂拳

民间游艺

山东省民间游艺丰富多彩，是齐鲁文化的重要组成部分。山东各地至今仍有上百种游艺竞技活动在民间传承和盛行，其中有些游艺竞技活动发生年代很早，有着丰富的历史文化内涵。

梁山武术、螳螂拳、蹴鞠是独具山东特色的游艺竞技项目。“水泊梁山”因古典名著《水浒传》而广为人知，位于山东西南部的梁山是中国著名的武术之乡，与河南少林、湖北武当、四川峨眉齐名，是中国武术四大发祥地之一。螳螂拳是中国著名的传统武术流派，属于象形拳的一种，螳螂拳与孙膑拳、四通捶、文圣拳并称山东四大名拳。蹴鞠是一项古老的体育运动项目，距今已有 2300 多年历史，《战国策》中便有对蹴鞠的详细叙述。蹴鞠是现代足球的起源。

源于山东的吕剧、柳子戏、五音戏、茂腔、泰山皮影戏等戏曲远近闻名，山东快书、山东大鼓、胶东大鼓是山东曲艺艺术的杰出代表。主要活跃于包括胶州、高密等地在内的胶东地区的茂腔，以其浓郁的地方特色深受群众喜爱，被誉为“胶东之花”。

山东秧歌流行于全省各地，风格多种多样。鼓子秧歌、胶州秧歌和海阳秧歌，并称为“山东三大秧歌”。商羊舞和黄河号子是山东民间歌舞的翘楚。天旱之季，人们便打扮成商羊鸟状，戴面具，拿响板，脚挂响铃，跳商羊舞，祈求天降甘霖，润泽百姓。抗日战争时期，著名音乐家冼星海在交响乐《黄河大合唱》中采用黄河号子的形式，以其鲜明的民族风格和艺术感染力，抒发了爱国情怀，激发了民族的抗争精神。

鼓子秧歌

相关链接

世界足球发源地 关于世界足球发源地，不少国家认为足球发源于本国。2004 年 2 月 4 日，国际足联副秘书长热罗姆·项帕涅在伦敦举行的新闻发布会上正式宣布，足球起源于中国的蹴鞠。2005 年 5 月 20 日，在瑞士苏黎世举行的国际足联百年庆典闭幕式上，国际足联主席布拉特先生为足球起源地山东临淄颁发了“足球起源地证书”。这为足球发源地的论争画上了句号。山东淄博市临淄区建设的足球博物馆，有古代足球和现代足球两大部分共 10 个展览单元，陈列了古今中外 150 多件珍贵文物和 300 多幅图片，复原场景 20 多个，系统展示足球的起源、发展和传播过程。

古代蹴鞠场景

蹴鞠

山东省土地总面积15.79万平方千米，居全国第19位。其中山地约占全省总面积的15.5%，丘陵占13.2%，平原占55%，洼地占4.1%，湖沼平原占4.4%，其他占7.8%。可耕地面积7.6万平方千米，占全省土地总面积的48%。人均土地1600平方米，为全国人均土地的16.58%，居全国第27位；人均耕地800平方米，低于900平方米的全国平均水平，居全国第20位。

第四章

资源和基础设施

- 资源
- 基础设施

高产田

资 源

1. 土地资源

山东省土地总面积 15.79 万平方千米，居全国第 19 位。其中山地约占全省总面积的 15.5%，丘陵占 13.2%，平原占 55%，洼地占 4.1%，湖沼平原占 4.4%，其他占 7.8%。可耕地面积 7.6 万平方千米，占全省土地总面积的 48%。人均土地 1600 平方米，为全国人均土地的 16.58%，居全国第 27 位；人均耕地 800 平方米，低于 900 平方米的全国平均水平，居全国第 20 位。

高产田 29635.8 平方千米，占全省耕地总面积的 39%；中产田 29081 平方千米，占 38%；低产田 17282.9 平方千米，占 23%。园地 7472.6 平方千米，林地 15350.5 平方千米，草地 4742 平方千米。

昌乐蓝宝石

2. 矿产资源

山东省已发现矿产150种，占全国已发现矿种171种的87.72%。查明矿产81种，其中能源矿产7种，金属矿产24种（其中稀有分散元素矿产12种），非金属矿产47种，水气矿产3种。查明资源储量的矿产地2678处（不含共伴生矿产地）。

山东矿产资源在全国占有较重要的地位，保有资源储量居全国前五位的矿产有45种，居前十位的矿产有77种，以非金属矿产居多。国民经济赖以发展的15种支柱性矿产山东均有查明储量。据全国查明资源总量统计，山东列全国第一位的矿产资源有金、铪、自然硫、石膏等9种，列第二位的有石油、菱镁矿、金刚石等13种，列第三位的有钴、锆、钛等12种。查明资源

东营胜利油田油井

储量占全国比例较高的矿产有：自然硫（99.49%）、石膏（59.94%）、金刚石（47.54%）、玻璃用砂岩（33.06%）、岩金（10.98%）、石油（10.54%）、菱镁矿（8.96%）、滑石（8.27%）。另外，铁、煤查明储量也较丰富，保有储量分别占全国的 4.61% 和 3.25%。

3. 内河（湖）水资源

山东境内河（湖）水系分属于黄河、淮河、海河三大流域。黄河水是山东主要可以利用的客水资源，每年进入山东的水量为 359.5 亿立方米。长江水是南水北调东线工程建成后山东省可以利用的另一客水资源。山东省水资源的主要特点是：水资源总量不足，人均、地均占有量少，水资源地区分布不均匀，年际年内变化剧烈，地表水和地下水联系密切等。全省水资源总量仅占全国水资源总量的 1.09%，人均水资源占有量 322 立方米，仅为全

淄川太河水库

引黄灌溉工程

国人均占有量的14.9%（小于1/6），为世界人均占有量的4.0%，位居全国各省（直辖市、自治区）倒数第3位，远远小于国际公认的维持一个地区经济社会发展所必需的1000立方米的临界值，属于人均占有量小于500立方米的严重缺水地区。

山东有可供养殖的内陆水域面积2670平方千米，淡水植物40多种，淡水鱼虾类70多种，其中主要经济鱼虾类20多种。

4. 陆地动物、植物资源

植物资源

境内有各种植物 3100 余种，其中野生经济植物 645 种。树木 600 多种，以北温带针、阔叶树种为主。各种果树 90 种，分属 16 科 34 属，山东因此被称为“北方落叶果树的王国”。中药材 800 多种，其中植物类 700 多种。有国家级、省级重点保护野生植物物种 11 种：草麻黄、崂山溲（音 sōu）疏、迎红杜鹃、野核桃、化香树、青岛百合、玫瑰、青檀、山茶、核桃楸、紫椴；有国家级、省级重点保护的人工栽培野生植物物种 13 种：红松、金钱松、杜仲、核桃、银杏、厚朴、凹叶厚朴、水曲柳、黄檗（音 bò）、榉树、水杉、鹅掌楸、刺楸。山东是全国粮食作物重点产区，素有“粮棉油之库，水果水产之乡”之称。小麦、玉米、地瓜、大豆、谷子、高粱、棉花、花生、烤烟、麻类产量在全国占有重要地位。

动物资源

山东省陆栖野生脊椎动物 500 种，其中兽类 73 种，鸟类 406 种（含亚种），爬行类 28 种，两栖类 10 种。陆栖无脊椎动物特别是昆虫种类繁多，居全国同类物种之首。境内的动物中，属国家一、二类保护的珍稀动物 71 种，其中国家一类保护动物 16 种。饲养的动物有家畜、家禽等 10 余种，拥有鲁西黄牛、渤海黑牛、莱芜猪、里岔猪、青山羊、寿光鸡等地方良种，小尾寒羊被誉为“国宝”。

烟台大樱桃

渤海黑牛

相关链接

烟台苹果收获季节

小尾寒羊

烟台苹果 烟台苹果于1871年由美国传教士引进，最早以青香蕉、红香蕉两个品种为主，以后又发展了小国光、金帅，20世纪80年代以来引进红富士、乔纳金等。烟台苹果是山东名优特产之一，产地以烟台辖区内的栖霞市、海阳市、招远市、蓬莱市、莱阳市、莱州市、牟平区为主。烟台苹果素以风味香甜、酥脆多汁享誉海内外，历来受国内外市场欢迎。2015年，烟台市苹果栽种面积达1800平方千米，年产量423万吨。烟台是中国最大的苹果栽培区之一。

小尾寒羊 主要分布在山东曹县、汶上、梁山等县及苏北、皖北、河南的部分地区。是牛科、羊亚科下动物，是肉裘兼用型绵羊品种，具有发育快、早熟、繁殖力强、性能遗传稳定、适应性强等特点，被国家定为名畜良种，被誉为中国“国宝”、世界“超级羊”、“高腿羊”，并被列入国家畜禽遗传资源保护目录。小尾寒羊的养殖既是农户脱贫致富的最佳项目之一，又是封山退耕、种草放牧、建设生态农业的稳妥工程。

5. 海洋资源

海洋生物资源 山东海洋资源得天独厚，近海海域占渤海和黄海总面积的 37%，滩涂面积占全国的 15%，被称为“海上牧场”。生物种类繁多，其中具有经济价值的各类生物资源 400 多种。近海栖息和洄游的鱼虾类 260 多种，主要经济鱼类 40 多种，浅海贝类百种以上。其中，对虾、扇贝、鲍鱼、刺参、海胆等海珍品产量均居全国首位。有藻类 131 种，经济价值较高的有 50 种，其中海带、裙带菜、石花菜为重要的养殖品种。山东海盐蕴藏丰富，已建成多处大中型盐场。莱州湾盐区是中国四大海盐产地之一（其他三大海盐产区为：长芦盐区、辽东湾盐区、淮盐产区）。丰富的地下卤水资源为山东盐业、盐化工业的发展提供了良好条件。

海洋能源及矿产资源 山东海洋油气已探明储量 23.8 亿吨。中国第一座滨海煤田——龙口煤田累计探明资源储量 9.04 亿吨。海底金矿资源潜力在 100 吨以上。地下卤水资源已探明储量 1.4 亿吨。海上风能、地热资源开发价值大，潮汐能、波浪能等海洋新能源储量丰富。

海产品

相关链接

荣成海带 地处山东半岛东端的荣成市，素有“中国海带之乡”之誉，已正式获得“荣成海带”地理标志商标的注册（原产地保护）。荣成市辖区内海带养殖区面积达 66 平方千米，年产鲜海带 45 万吨，产量占全国的 50%、山东的 80%。荣成海带是具有显著地域优势的海产品。

海带收获

煤炭开采

6. 能源资源

煤炭 山东是中国第六产煤大省。煤炭剩余可采储量约为42亿吨，占全国探明可采储量的1.9%。山东煤炭行业原煤产量达到每年1.52亿吨，已连续10年稳定在1.5亿吨左右。山东发电用煤正常年份最低约需1.3亿吨，冬季取暖约需0.2亿吨，产需基本平衡。山东的省外煤炭资源已拓展到12个省份、700多亿吨，主要分布在内蒙古、陕西、山西、新疆、云南、贵州等省。

石油、天然气 山东是中国石油、天然气主要生产基地之一，油气资源主要集中在北部和西南部。山东原油产量多年保持在2600万吨，天然气产量6.88亿立方米—11.47亿立方米，主产地为胜利油田。胜利油田2013年原油产量2776.2万吨、天然气产量5亿立方米。

相关链接

胜利油田 中国石油化工集团公司所属第一大油气田，中国第二大油田。油区主要分布在东营、滨州、德州、济南、潍坊、淄博、聊城、烟台8个市的28个县（市、区）内，主体位于黄河下游的东营市。按地质构造划分，山东省境内可供找油找气的勘探区域属于渤海湾盆地，主要有济阳、昌潍、胶莱、临清、鲁西南5个坳陷，总面积约6.53万平方千米。油田取得探矿权面积 4.89万平方千米，其中济阳坳陷和浅海地区是胜利油田勘探开发的重要项目。胜利油田取得探矿权勘探面积共18.09万平方千米，油、气资源总量分别为142亿吨、21538亿立方米。

胜利油田

胜利油田

黄河三角洲国家级自然保护区

7. 自然保护区

为保护珍稀和濒危动植物及生态系统，保护珍贵的地质剖面，为教育、科研和传承提供场所，国家在特定区域设立自然保护区。山东共有各类自然保护区86处。其中国家级自然保护区7处：黄河三角洲自然保护区、马山自然保护区、长岛自然保护区、山旺古生物化石自然保护区、贝壳堤岛与湿地自然保护区、荣成大天鹅保护区、昆嵛山自然保护区。

黄河三角洲自然保护区

位于黄河入海口，以垦利县宁海为轴点，北起套尔河口，南至淄脉河口，向东散开呈扇状，海拔低于15米，面积5450平方千米。是黄河携带大量泥沙在渤海凹陷处沉积形成的冲积平原，是中国最大的三角洲，全球土地自然增长最快的地方。1992年被划为国家级自然保护区。2013年10月，经国际湿地公约组织确定，列入国际重要湿地名录。保护区属温带季风型大陆性气候，四季分明，水源和光照充足，土壤含氮量高，植被和有机质含量丰富，浮游生物繁盛，吸引了大量过境和栖息繁殖的鸟类，同时提供了大片植物生长的土地。据统计，保护区内共有鸟类265种，陆生脊椎动物35种，陆生无脊椎动物583种，水生动物641种。其丰富的资源对于环渤海及东北亚地区的生态保护和区域发展，有极大价值。

即墨马山国家级地质公园

古生物化石

马山自然保护区

位于即墨市城西 4 千米处，总面积 7.74 平方千米，1994 年经国务院批准设立。主要保护对象是柱状节理石群、硅化木群及古生物化石等地质自然遗迹。被地质界称为“袖珍式地质博物馆”。这里的硅化木群落距今 1.3 亿年，已发现且保存完整的有 26 处。最大的树干长 13 米，平均直径 0.8 米，硅化完全，年轮清晰。此外，这里还有玉皇殿、白云庵、千佛洞、狐仙居、即墨大夫等丰富的人文景观，民间流传着诸如红点狐仙、济公井、将军桥等神秘而美丽的传说。

山旺古生物化石自然保护区

位于临朐县上林镇山旺村，地处鲁中南山区东北边缘，总面积 1.2 平方千米。保存着 1800 万年前各种动植物化石，精美完好，印痕清晰，栩栩如生，被誉为“化石宝库”“万卷书”，是一座古生物化石天然博物馆。现已发现的化石有 10 多个门类、400 余种。植物化石有苔藓、蕨类、裸子植物和被子植物；动物化石有昆虫、鱼、两栖、爬行、鸟和各类哺乳动物。山旺古生物化石对研究中国华东北部地区的古生物群、古地理、古气候提供了重要资料。山旺化石、标本品种繁多，主要有圆基香椿、胡桃、昆虫、玄武蛙、螳螂、蝾螈、龟、鸟、野猪、三角原古鹿、纤细近五角犀、东方祖熊等。临朐县城东 22 千米处建设了山东山旺国家地质公园。

贝壳堤岛与湿地自然保护区

位于无棣县城北60千米处，有2000多年历史，是世界上贝壳堤最完整，且是唯一新老堤并存的贝壳堤岛。全长76千米，贝壳总储量3.6亿吨。它是东北亚内陆和环西太平洋鸟类迁徙的中转站和鸟类越冬、栖息、繁衍的乐园，是研究黄河变迁、海岸线变化、贝壳堤岛形成等环境演变以及湿地类型的重要基地，在中国海洋地质、生物多样性和湿地类型研究工作中占有极其重要的地位。保护区内已发现的野生珍稀动物达459种，是一个典型的“天然生物博物馆”。有文蛤、四角蛤、扁玉螺等贝类和鱼、虾、蟹、海豹等海洋生物50余种；各种植物共350种，其中酸枣、麻黄、黄芪（音qí）、五加皮等特产中药材有40多种；湿地有豹、猫、狐狸等野生动物6种，东方铃蛙、黑眉锦蛇等两栖爬行动物8种，还有包括国家一级保护动物大鸨（音bǎo）、白头鹤，国家二级保护动物大天鹅在内的鸟类45种。与美国路易斯安那州贝壳堤、南美苏里南贝壳堤并称世界三大古贝壳堤。

贝壳堤岛

荣成天鹅湖风景区

荣成大天鹅保护区

位于荣成市成山镇境内，设立于 2000 年，2007 年列入国家级保护区。总面积 16.75 平方千米，其中核心区 6.68 平方千米，缓冲区 6.28 平方千米，实验区 3.79 平方千米。该区以保护大天鹅等濒危鸟类和湿地生态系统为主，是鸟类南迁北移的重要中转站和越冬栖息地，每年有近万只大天鹅来此越冬，是世界上已知最大的大天鹅越冬种群栖息地。区内有芦苇沼泽、滩涂、浅海及泻湖四种湿地类型。沙坝—泻湖体系是保护区内典型的海岸地貌，其中马山港是中国现存最完整、最典型的泻湖之一。保护区景观属海陆过渡带，具有显著的生态系统多样性和特殊的保护与科研价值。

昆嵛山自然保护区

位于烟台市牟平区和威海市文登区，是以中国赤松为主要保护对象的森林生态类型自然保护区。以昆嵛山林场为主体，总面积 154 平方千米。有分布于中国最北界的刺杉、最南界的赤松，也拥有山东省最大的世界树木活化石——水杉。是山东省第一个森林生态类型的国家级自然保护区。拥有世界上保存最完好的赤松林，是中国赤松的原生地和天然分布中心，被誉为“胶东植物王国”。昆嵛山主峰泰礴顶海拔 923 米，为半岛东部最高峰。这里也是闻名全国的道教名山，全真教发祥地。

荣成天鹅湖风景区

基础设施

1. 交通物流

山东交通发达，已形成公路、海运、内河航运、铁路（轨道交通）、航空运输等比较完备的交通体系，为经济发展提供了强大支撑，为群众生产和生活提供了良好保障。

（1）公路运输　山东公路网密集，形成了“五纵四横一环八连”的高等级公路网主骨架。公路密度每（百）平方千米 165.6 千米。其中高速公路直达 17 个行政市和全省 90% 以上的县（市、区）。99.95% 以上的行政村通过硬化路面连通。

至 2014 年底，山东省公路通车总里程 25.95 万千米，其中高速公路 5108 千米，二级以上公路里程 4 万千米，连续多年位居全国第一位。

济青高速公路立交

青岛港

相关链接

济青高速公路 济青高速公路（现为国家高速公路网规划的一条东西横向线，编号 G20 青银高速公路，是青岛—银川高速公路的东段）全长 318 千米，西起济南市东北郊的大桥路，东至青岛市北郊的西袁庄，横贯山东半岛，连接济南、淄博、潍坊、青岛等重要工业城市，穿越 5 条国道、15 条省道。该项目于 1986 年 4 月开始勘察设计，1990 年 7 月开工建设，1993 年年底主线工程建成通车，是中国第二条、山东第一条成规模的高速公路。现一般称济青高速北线。为缓解北线的交通压力，2007 年 12 月济青高速南线建成通车。

（2）海洋运输 山东半岛北濒渤海，南临黄海，居东北亚海上交通要冲，拥有丰富的港口资源和良好的建港条件，可建万吨级以上泊位的港址有 50 多处。已建成的主要海港有青岛、日照、威海、烟台、东营、潍坊、滨州等，泊位总数 540 个，其中万吨级以上泊位 249 个。拥有青岛、日照、烟台 3 个年吞吐量超 3 亿吨的大港，形成了具备现代化特征的沿海港口群。2014 年，山东沿海港口货物吞吐量 12.86 亿吨，居全国第二位。

青岛港 位于山东半岛南岸的胶州湾内，始建于 1892 年，是世界第七大港、中国第三大外贸口岸。青岛港由青岛老港区、黄岛油港区、前湾港区和董家口港区四大港区组成，主要从事集装箱、原油、铁矿石、煤炭、粮食等各类进出口货物的装卸、储存、中转、分拨等物流服务和国际客运服务，与世界上 180 多个国家和地区的 700 多个港口有贸易往来。进口原油吞吐量居中国港口第一位，集装箱装卸效率、铁矿石卸船效率多年居世界第一位。

烟台港

烟台港 位于山东半岛北侧，码头岸线长15千米，港区水域面积867.4平方千米，水深域阔，不冻不淤。是中国环渤海港口群主枢纽港，中国沿海主要港口之一。包括芝罘湾港区、西港区、龙口港区、蓬莱港区四大港区。有各类泊位88个，万吨级以上深水泊位37个，泊位最大水深20米。其中芝罘湾港区主航道水深17米，底宽180米，15万吨级船舶可自由进出港口。

日照港 中国重点发展的枢纽港之一，新亚欧大陆桥东方桥头堡。包括石臼、岚山两大港区，51个生产性泊位。日照港自然条件优良，湾阔水深，不冻不淤，是难得的天然深水良港。经济腹地纵深广阔，运输需求旺盛，集疏运高效便捷，四通八达的铁路、公路运输网络，把港口与华东、中原、西北广大地区联结在一起。海上航线可到达世界各港，已与100多个国家和地区通航。

日照港

相关链接

山东的国际航线及港澳台航线 济南、青岛、烟台、威海、临沂5个机场，已开通直飞韩国、日本、新加坡、泰国、柬埔寨、印度、美国、德国、马来西亚、印度尼西亚、越南以及中国香港、澳门、台湾等地的航线。

（3）内河航运 山东内河航运水道主要有京杭大运河、小清河、卫河和南四湖等，主要内河港口在枣庄、济宁等地。京杭大运河航线可由济宁直达长江航线。

（4）铁路运输 铁路是山东客运和货运的重要工具。主要客运线路均开通了高铁、动车。乘坐高铁从济南到北京90分钟，到上海210分钟。省内共有特等火车站4个，分别是济南站（客货运车站）、济西站（货运编组站，全国十大路网级货运编组站之一）、济南西站（京沪高速铁路客运车站）和青岛站（客运车站）。境内铁路通车里程4306千米。

（5）航空运输 山东机场有：济南遥墙机场、青岛流亭机场、烟台蓬莱机场、日照山字河机场、威海大水泊机场、临沂沭埠岭机场、潍坊南苑机场、济宁曲阜机场、东营胜利机场、滨州大高通用机场、蓬莱沙河口机场。

山东机场分布图

2. 水利

山东水资源严重短缺，且时空分布极不均衡，已经成为制约经济社会可持续发展的主要“瓶颈”。为改变严重缺水状况，进入21世纪以来，山东省实施省、市、县三级水网规划，构建现代水网工程体系，依托南水北调、胶东调水“T”字型骨干工程，连接“两湖六库、七纵九横、三区一带”，构建跨流域调水大动脉、防洪调度大通道和水系生态大格局，全面提升了水资源支撑保障能力、防汛抗旱减灾能力、水环境水生态承载能力和水利民生服务能力。山东省以约占全国1.09%的水资源，养育了约占全国7.15%的人口，灌溉了5.48%的耕地，生产了7.7%的粮食，贡献了9.6%的经济总量。

济宁泗水水利

山东海上风电

3. 电力

山东电网已建成500千伏主网架，通过银川东—青岛±660千伏直流和500千伏辛聊双线、滨黄双线3条输电大通道，与西北电网、华北电网联网，接受省外来电能力达750万千瓦。2014年，锡盟—山东1000千伏特高压交流工程开工建设，山东电网迈入特高压时代。截至2014年底，山东电网拥有35千伏及以上变电站5869座，变电容量3.74亿千伏安，线路9.46万千米。山东是多年全国供电最为平稳的省份之一。

山东省农业基础好，工业实力雄厚，服务业发展快。经济总量多年居全国第二、三位。1984年山东GDP为582亿元。2002年迈上万亿台阶，2006年超2万亿。2014年达5.94万亿，占全国GDP总量的9%左右，居全国第三位。按当年价格计算，30年增长了101倍。

第五章

经济

- 农业
- 制造业
- 海洋与渔业
- 服务业
- 对外经贸
- 园区经济

1984年以来山东省GDP统计表

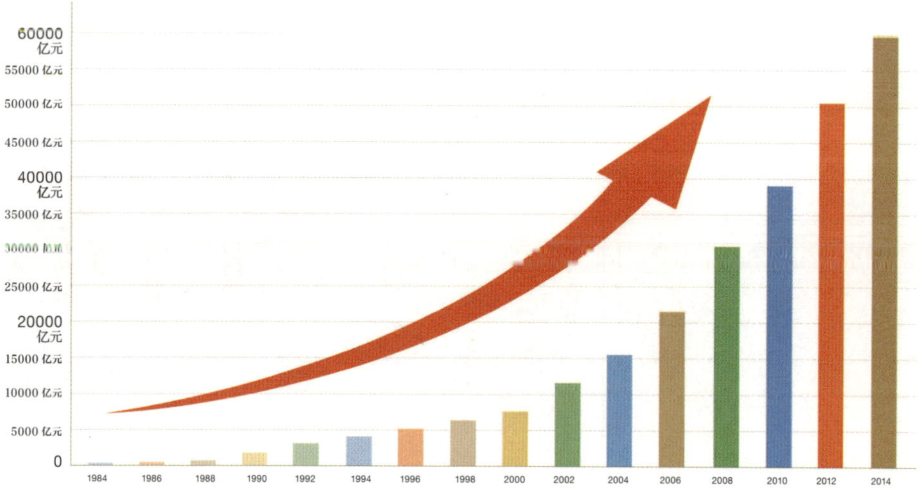

山东省农业基础好，工业实力雄厚，服务业发展快。经济总量多年居全国第二、三位。1984 年山东 GDP 为 582 亿元。2002 年迈上万亿台阶，2006 年超 2 万亿。2014 年达 5.94 万亿，占全国 GDP 总量的 9% 左右，居全国第三位。按当年价格计算，30 年增长了 101 倍。2014 年人均 GDP60879 元，全省公共财政预算收入 5026.7 亿元，城镇居民人均可支配收入 29222 元，农村居民人均可支配收入 11882 元。第一、第二、第三产业增加值之比为 8.1:48.4:43.5，已进入工业化中期阶段。

农 业

莱芜大姜

苍山大蒜

1. 自然环境

山东可耕地面积 7.6 万平方千米，占山东土地面积的一半。受地质、气候、地域、生物等因素影响，山东土壤呈多样化特点，共有 15 个土类、36 个亚类、85 个土属、257 个土种。山东光照资源充足，热量条件可满足农作物一年两作的需要。

2. 农业总量

山东省农业增加值多年居全国首位。2014 年，蔬菜(含菜用瓜)、水果、肉类、水产品产量分别为 9973.7 万吨、1665.5 万吨、770.2 万吨、867.2 万吨，均居全国第一。棉花产量居全国第二位，油料产量居全国第三位。至 2014 年，粮食生产连续 12 年增长，产量不断创历史新高，达 4596.6 万吨，居全国第三位，实现农业增加值 4798.4 亿元。山东省绿色食品、有机食品和地理标志产品分别为 3343 个、146 个和 168 个，均居全国第一位。

山东畜牧业产值全国第一。山东畜牧业历史悠久，养殖门类齐全，畜禽品种众多，畜禽养殖场户600多万，其中规模以上80万户，拥有鲁西黄牛、渤海黑牛、小尾寒羊、青山羊、里岔黑猪、莱芜黑猪等大批优质品种，其中里岔黑猪和小尾寒羊被誉为“国宝”。2014年山东省畜牧业总产值2418亿元，占农业总产值的26.3%。

山东肉蛋奶总产量多年位居全国首位。2014年，全省肉蛋奶总产量1448.2万吨，占全国的9.4%。其中，肉类产量770.2万吨，位居全国第一；禽蛋产量388.4万吨，位居全国第二；奶类产量289.6万吨，位居全国第五。

2014年山东省畜牧业情况

类别	名称	数量
畜禽年末存栏量	牛	495.4万头
	猪	2910.7万头
	羊	2174.6万只
	家禽	60934.3万只
畜禽当年出栏量	牛	440.8万头
	猪	4955.1万头
	羊	3117.8万只
	家禽	169647.0万只
畜禽产品产量	猪肉	406.8万吨
	牛肉	66.6万吨
	羊肉	36.0万吨
	禽肉	248.6万吨
	禽蛋产量	388.4万吨
	奶类产量	289.6万吨

收获小麦

章丘大葱

3. 主要农产品

山东是中国粮食作物和经济作物重点产区，有“粮棉油之库，水果水产之乡”之称。粮食作物主要有冬小麦、玉米、地瓜、大豆、水稻、谷子、高粱和小杂粮，其中小麦、玉米、地瓜是三大主要粮食作物。棉花是山东最主要的经济作物，主要产区在黄泛平原，种植历史达 700 年之久。花生的种植面积、产量和出口分别占全国的 1/4、1/3 和 1/2 以上。

山东蔬菜种植历史悠久，品种丰富，科技贡献率高，有 100 多个种类、3000 多个品种。山东有“世界三大菜园”之称。

山东是中国水果主产区之一，果园遍及全省各地。生产 20 多种水果，数百个品种。其中烟台苹果、莱阳梨、海阳白黄瓜、肥城桃、乐陵金丝小枣、枣庄石榴、大泽山葡萄较为知名。

章丘大葱、莱芜生姜、潍坊萝卜、平阴玫瑰、金乡大蒜等都是山东久负盛名的地方特产。

2014年山东省主要农产品生产情况

农产品名称	播种面积（平方千米）	总产量（万吨）
小麦	37402	2263.8
玉米	31264.667	1988.3
大豆	1494.667	36.7
花生	7552.667	331.3
棉花	5928.667	66.5
蔬菜	18624	9973.7
水果	6433.333	1665.5

相关链接

寿光蔬菜展示

中国最大蔬菜基地——寿光 寿光市是世界上第一部农学巨著《齐民要术》作者贾思勰的故乡，是国务院命名的“中国蔬菜之乡”，拥有中国最大的蔬菜生产基地、集散中心、价格形成中心和信息交流中心。寿光的反季节蔬菜栽培技术，彻底改变了传统的农业生产方式和人们的生活方式。北方人以往冬天只有大白菜、萝卜、土豆三种基本蔬菜，现在任何季节，市场能够提供全部蔬菜品种。全面反映蔬菜价格和市场活跃程度的寿光蔬菜指数，是中国第一个以蔬菜为主题的价格指数。寿光蔬菜绿色无公害，营养丰富，是著名的“品牌蔬菜”，对中国蔬菜行业贡献巨大。常年上市蔬菜有120多个品种，销往全国30多个省、直辖市、自治区的200多个大中城市，并远销日本、韩国、俄罗斯、美国、委内瑞拉等国家。

冠世榴园 枣庄冠世榴园生态文化旅游区位于山东省枣庄市峄城区西部的群山之阳，始形成于西汉成帝年间。石榴种植有2000多年历史。现园区面积130平方千米，有石榴树530余万棵，48个品种，为中国最大的石榴园林，素以历史久、面积大、株数多、品色全、果质优闻名海内外。园区是集自然山川、林果种植、生态园林、民俗宗教、休闲度假为一体的国家级综合性旅游区，被誉为“冠世榴园”，并被列为“花之路”旅游热线上的重点景区。

相关链接

中国蔬菜之乡——兰陵 兰陵县（原名苍山县）是全国蔬菜产业十强县、中国果菜无公害十强县、全国无公害蔬菜出口生产示范基地县、国家级出口食品农产品质量安全示范区，被誉为“中国蔬菜之乡”“中国大蒜之乡”“中国牛蒡之乡”“中国食用菌之乡”。闻名中外的苍山大蒜已有1900多年的栽培历史，以其头大瓣少且匀称、皮薄洁白、黏辣郁香、营养丰富、药用价值高等特点享誉国内外。该县成立的蔬菜运销联合会，是鲁南、苏北最大的蔬菜集散和净菜加工配送主体。16个产品被确定为上海世博会直供蔬菜，上海60%以上的蔬菜由兰陵供给。“苍山大蒜”品牌价值43.09亿元，“苍山牛蒡”价值8.11亿元，“苍山辣椒”品牌价值9.69亿元。

万兴食品 山东万兴食品有限公司位于莱芜市，是一家集农产品种植、收购、储藏、加工、销售为一体的综合性农业产业化国家重点龙头企业，是中国生姜进出口商会理事长单位、山东省生姜产业技术创新战略联盟理事长单位。公司在农业产业升级、产业化规范、农民收入增长中创造了奇迹，走出了一条生产标准化、加工精深化、营销市场化、产品品牌化的路子。公司在国际市场拥有良好的声誉，产品远销欧盟和韩国、日本、新加坡等100多个国家和地区。生姜出口连续10年保持全国第一，大蒜出口一直位居全国前列。2014年公司销售收入12.62亿元，出口创汇1.2亿美元。

4. 农产品加工和物流

山东是中国农业产业化的发源地。产业化龙头企业近万家，数量居全国第一位。新希望六和集团有限公司、临沂新程金锣肉制品集团有限公司、香驰粮油有限公司、诸城市对外贸易集团公司、鲁花集团有限公司、西王集团有限公司、渤海油脂工业有限公司、寿光蔬菜产业集团有限公司是较为知名的农业产业化龙头企业。

山东农产品加工区域布局特色鲜明。青岛、威海、烟台等地的水果加工、水产品加工、葡萄酒加工，潍坊、临沂等地的新鲜蔬菜和脱水蔬菜加工及肉制品加工，鲁中、鲁西南等地区的淀粉、面粉加工，在国际国内具有较高知名度。山东谷物、食用油、畜禽肉类、葡萄酒、酒精、饮料、蔬菜等加工农产品的品种和产量均居全国前列。

山东作为全国农产品加工、物流和价格形成中心，具有较为完善、贯通全省、影响全国的农产品现代物流体系。寿光蔬菜市场是全国价格形成中心，兰陵蔬菜市场是上海菜篮子的晴雨表，金乡大蒜市场是世界大蒜价格形成中心。

公路运输

航空运输

5. 农产品出口

山东农产品出口至2014年连续15年居全国首位。2014年农产品出口157.3亿美元，占全国总出口量的22%。山东蔬菜70%以上销往省外，出口量占全国的1/3。山东也是水果出口大省，其中苹果出口居全国第一位。2014年共出口鲜苹果38.38万吨，货值5.09亿美元，出口量约占全国水果出口总量的24.2%。

农产品

2014年山东省主要农产品出口情况

商品名称	出口数量（吨）	出口货值（万美元）
肉食品	273683	107038
水海产品及其制品	1140420	474627
粮食	328523	20218
面食	155707	27406
蔬菜	3537552	326929
果品及其制品	1222938	204121
花生及其制品	395478	71689
番茄酱	1831	214
天然蜂蜜	17038	3941
药材	9558	5627
茶叶	425	158
食用植物油	9629	2000
柳条编结品	44584	32997

博山有机农业

6. 农业科技

山东是全国农业科技创新、应用区域中心，农业科技水平和科技贡献率居全国前列。全省科技进步对农业的贡献率达 58%，农业科技成果转化率 48%，主要农作物和畜禽良种覆盖率 98%。冬小麦“矮孟牛”新种质获国家科技发明一等奖，济麦 22 号创中国北方小麦高产新纪录；掖单 13 号玉米品种获得国家科技进步一等奖，紧凑型玉米新品种先后 5 次创全国夏玉米单产最高纪录；高油酸高蛋白花生新品系达到国际领先水平。

制造业

山东是中国制造业大省。山东制造业门类齐全、布局合理，具有较好的产业基础和比较优势，是支撑和拉动全省工业稳定增长的支柱产业，2014 年实现增加值 28788.1 亿元。全省规模以上制造业企业 37485 家，实现主营业务收入 13.2 万亿元、利税 12497.5 亿元、利润 7837.4 亿元，占规模以上工业的比重分别达到 92.1%、87.6% 和 89.4%。在轻工、纺织、机械、化工、建材和冶金 6 大制造业行业中，除冶金外，其他 5 个行业制造业实力均居全国前两位。山东制造业产品在中国占有重要地位，家用冷柜、太阳能器具、纸浆、机制纸及纸板、纱、拖拉机、推土机、装载机、挖掘机、低速载货汽车、收获机械、轮胎、农药、烧碱、纯碱、合成氨、盐酸、水泥等产品产量均居全国第一位。

1. 轻工行业

山东省轻工行业主营收入约占全国同行业的 14%，居全国同行业第二位；利润占全国同行业的 22.1%，效益至 2014 年连续 9 年居全国同行业第一。主要产品中，原盐、食用植物油、啤酒、葡萄酒、纸浆、机制纸及纸板、人造板材、农用薄膜、电动自行车、家用冷柜、太阳能器具、淀粉、功能糖类、日用玻璃制品等产量居全国第一位；小麦粉、白酒、木质家具等居全国第二位；糖果、乳制品、罐头、箱纸板、塑料制品、锁具、吸排油烟机等居全国第三位。出口产品不断趋向高端化：海尔集团、海信集团与苹果等国际知名公司合作，先后研发并逐步推出了成套智能家居系统，实现了智能电视、智能空调、智能冰箱，以及手机、小家电、厨卫等产品的智能化互联互通互控。以潍坊晨鸣、东营华泰、聊城泉林、济宁太阳、淄博博汇等企业为龙头的造纸业，行业集中度超过 50%。泉林集团采用小麦、水稻、玉米等农作物秸秆制浆，变废为宝，形成了“一草三用”（即秸秆造纸、造肥、有机基质）产业链。轻工文化产业中，抽纱刺绣、工艺地毯与挂毯、草柳编、艺术陶瓷及龙山黑陶等具有较强竞争优势。

海信集团生产车间

相关链接

青岛海尔 青岛海尔集团是全球领先的整套家电解决方案提供商和虚实融合通路商，最大白色家电供应商。2008年3月，海尔第二次入选英国《金融时报》评选的“十大世界级品牌”。2008年6月，在《福布斯》“全球最具声望大企业600强”评选中，海尔排名第十三位，是排名最靠前的中国企业。同年7月，在《亚洲华尔街日报》组织评选的“亚洲企业200强”中，海尔集团连续5年荣登“中国内地企业综合领导力”排行榜榜首。在世界权威管理咨询公司美国波士顿(BCG)公布的“2012全球最具创新力企业50强”榜单中，海尔位居第八位，位居消费及零售行业第一，是唯一进入前十的中国企业。2012年9月17日，第十八届中国品牌价值研究结果在英国伦敦揭晓，海尔以962.8亿的品牌价值位居榜首，连续11年蝉联中国最有价值品牌。2014年海尔全球营业额2007亿元，同比增长11%；线上交易额548亿元，同比增长2391%。世界权威市场调查机构欧睿国际（Euromonitor）发布的2014年全球大型家用电器调查数据显示，海尔大型家电零售量第六次蝉联全球第一，并首次突破两位数的市场份额增长。同时，海尔冰箱、洗衣机、冷柜、酒柜的全球品牌份额也分别继续蝉联全球第一。海尔在全球有5个研发中心、21个工业园、66个贸易公司、143330个销售网点，用户遍布全球100多个国家和地区。海尔作为世界级品牌，其影响力正随着全球市场的扩张而快速上升。

青岛啤酒 青岛啤酒股份有限公司的前身是1903年由德国商人和英国商人合资在青岛创建的日耳曼啤酒公司青岛股份公司。它是中国历史悠久的啤酒制造厂商，品牌价值900多亿元，居中国啤酒行业首位。全球啤酒行业权威报告依据产量排名，青岛啤酒为世界第六大啤酒厂商。青岛啤酒远销美国、日本、德国、法国、英国、意大利、加拿大、巴西、墨西哥、澳大利亚、俄罗斯等90多个国家和地区。青岛啤酒几乎囊括了新中国建立以来所举办的啤酒质量评比的所有金奖，并多次在世界各地举办的国际评比大赛中荣获金奖。2006年，青岛啤酒荣登《福布斯》“2006年全球信誉企业200强”，列第68位。在2005年（首届）和2008年（第二届）连续入选英国《金融时报》发布的“中国十大世界级品牌”。多次荣膺“最具国际竞争力中国企业”“最佳可持续发展企业”“最受赞赏中国公司”“中国最受尊敬企业”“亚洲最受尊敬的知识型组织”等殊荣。从1991年开始每年8月举办的青岛啤酒节，吸引了海内外众多游客。

青岛“海尔”多年被评为中国最有价值品牌。

2. 纺织服装行业

山东省拥有棉纺、印染、毛纺、麻纺和家用纺织制成品、针织品、服装、化学纤维、纺织机械等子行业在内的门类齐全、产业链完整的纺织工业体系。棉纺织产能较大的地区有滨州、淄博、德州、聊城、济宁、菏泽、泰安等，毛纺织主要分布在烟台、济宁、泰安、德州等市，化纤新材料主要分布在烟台、淄博、潍坊等市。烟台市以“舒朗”为中心，形成了女装生产基地，青岛、潍坊以“红领”“新郎希努尔”“仙霞”等为依托，形成了男装生产基地；以青岛“即发”、济南“元首”为代表的针织产业集群，多年保持行业领先地位；烟台海阳数百家毛衫企业聚合成了毛衫产业集群；淄博鲁泰是世界最大的高档衬衫和色织面料生产企业。

纺织生产车间

相关链接

魏桥创业集团 位于滨州市的山东魏桥创业集团有限公司，是以纺织为主、多业经营的特大型综合企业集团，拥有11个子公司、1个参股公司，主营业务为纺纱织布、印染、服装生产批发零售、进出口，非纺织业务涉及热电、铝业等，职工15万人。在《财富》评选出的世界500强中，2013年排名第388位，2014年排名第279位。2014年中国民营企业500强榜单中，公司以2413.87亿元的营业收入和综合实力名列第三。

魏桥创业集团办公楼

中国重型汽车集团重型卡车装配线

3. 机械行业

机械行业是山东省国民经济的支柱产业，产业规模居全国同行业第二位，形成了门类较齐全、规模较大、技术水平较高的产业体系。农业机械、机械基础件和食品及包装机械 3 个行业主营业务收入列全国同行业第一位，机床工具、工程机械、汽车、内燃机和其他民用机械 5 个行业列全国同行业第二位，电工电器和石化通用机械两个行业列全国同行业第三位，重型矿山和仪器仪表两个行业列全国同行业第四位。重点产品中，拖拉机、推土机、装载机、挖掘机、低速载货汽车、收获机械的产量均居全国第一。大型成套冲压生产线、数控机床、汽车、工程机械、农业机械等重要产品出口量较大，产品覆盖五大洲 200 多个国家和地区。中国重汽重型卡车、济南二机床大型成套冲压生产线、山推股份推土机、福田雷沃大马力拖拉机等，均是在全国同行业居领先地位的出口型产品。

4. 化工行业

山东的重点产品中，轮胎、农药、烧碱、纯碱、合成氨、盐酸6种产品产量居全国首位，醋酸、甲醇、合成橡胶、纯苯、化肥5种产品产量居全国第二位，硝酸产量居全国第三位。山东轮胎突破了一批共性关键技术，研发了一批新工艺新技术，产量占全国的四分之一。有12家轮胎企业入围全球轮胎75强排行榜，占全国总数的46%。全球首套万吨级反式异戊橡胶工业化生产装置在青岛第派新材有限公司投产，填补了世界反式异戊橡胶万吨级工业化生产装置的空白，为绿色轮胎提供了新型优质原材料；道恩集团与北京化工大学有机无机复合材料国家重点实验室共同攻关完成的氢化丁腈橡胶（HNBR）规模化制备技术取得重大突破，中国成为全球第三个独立掌握生产氢化丁腈橡胶技术的国家。氟硅材料、聚氨酯材料、合成橡胶及弹性体、膜材料、特种纤维等一批高技术新产品形成一定规模。

相关链接

玲珑轮胎半钢硫化生产线

玲珑轮胎 位于招远市的山东玲珑轮胎股份有限公司，资产过百亿，收入过百亿，员工过万。拥有国家级企业技术中心和国家认可实验室，在美国、西欧建立了技术开发中心，先后承担国家863计划、火炬计划等多项国家级技术攻关课题，主导和参与制定及修改了60多项国家级行业标准，取得300多项国内外专利。研发的“低断面抗湿滑低噪音超高性能轿车子午线轮胎”，获得国家科技进步二等奖。通过了中国3C、美国DOT、欧洲ECE等一系列认证。是中国一汽、济南重汽、上汽通用五菱等国内50多家主机厂的主要供应商，进入通用、福特、印度塔塔、俄罗斯雷诺日产、菲亚特、巴西现代等汽车制造商的全球配套供应体系，产品远销180多个国家和地区。有招远本部、山东德州、广西柳州、泰国四个生产基地。公司连续多年入围世界轮胎20强，中国轮胎前五强。“玲珑”品牌以155.36亿元的品牌价值居国内轮胎行业上榜品牌之首。

用电厂煤灰制造的新型建材

板带生产车间

浪潮集团云计算设备

5. 建材行业

水泥制造是山东建材工业的最大产业，资产合计占全省建材工业的25%以上。欧嘉陶瓷、新博陶瓷、连顺陶瓷等企业采用喷墨打印“一次烧成”技术生产的微晶石、微晶复合瓷板等高档建陶产品，技术水平居世界领先地位。山东维统科技有限公司攻克粉煤灰综合利用制造新型建材产品的技术难题，粉煤灰综合利用率可达90%以上。鲁中耐火材料有限公司“镁铁铝尖晶石砖生产基地”落成，标志着山东水泥生产用耐火材料在节能环保方向实现了新突破。

6. 冶金行业

山东的冶金行业重点产品中，生铁、粗钢、钢材、焦炭产量居全国第三位。钢铁产业主要工序能耗低于全国平均水平，主要企业废水达标排放率、工业粉尘达标排放率、工业固体废物利用率均为100%。电解铝企业向下游产业延伸，形成电解铝—铝加工—铝深加工制品的模式。南山铝业开发出航空领域高科技铝型材产品。丛林集团利用自主研制的世界首台万吨挤压机，研发了动车组及组件，并开发了面向北欧地区的全铝船舶产品。

7. 信息技术产业

山东省信息技术产业主要包括集成电路、软件、计算机通信、电子元器件和电子材料、应用电子、半导体照明（LED）等领域。有年收入百亿以上信息技术企业10家，50亿以上16家。海尔、浪潮、海信、中创、东方电子5家企业入围全国软件收入前百名。青岛的家用电子和通信产品，济南的软件和高性能计算机产品，烟台的计算机及网络产品、通信产品，威海的传真机、打印机等计算机外设产品，潍坊的电声器件、光电子产品，淄博的电子元器件和电子新材料产品等在行业内具有很强的竞争力。

晒盐

海洋与渔业

山东濒临黄海和渤海，海岸线长，海洋资源丰富，是海洋与渔业大省。山东海洋渔业是山东沿海人世世代代开发利用海洋资源广泛而久远的产业，包括海洋捕捞、海水增养殖、水产品加工、渔船渔港、水产饲料以及渔业流通和服务等行业。

山东省海洋渔业产量、产值等多项指标连续多年位居全国首位。2014 年，山东海洋经济总产值 1.08 万亿元，占全省 GDP 的 18.3%。渔业经济总产值 3590.1 亿元，增加值 1723.6 亿元；渔业总产值 1552.3 亿元，占全国渔业总产值的 14.3%；水产品总产量 903.7 万吨，占全国的 14.0%。水产品对外贸易总量 254.6 万吨，贸易总额 75.5 亿美元。

1. 海洋渔业基础设施

海洋渔业的基础设施包括渔港、渔船、水产品加工厂、海水养殖设施和水产养殖场、育苗场等。

20 世纪 80 年代初的改革开放政策，使现代渔业基础设施建设进入快车道。21 世纪，山东渔业基础设施进入全面快速发展时期。有渔港 312 个，渔船 7 万多艘，水产品加工厂近 2000 个，国家级水产原良种场 12 个，水产育苗场 2000 多个，国家级水产种质资源保护区 38 个，海水养殖设施固定资产约 275 亿元。海洋渔业基础设施总值约 828 亿元。

2. 海洋捕捞业

20 世纪 70 年代，山东省的捕捞渔船基本实现动力化，渔船和船用柴油机标准化；渔捞操作达到机械化和半机械化，普遍使用助渔导航仪器和渔业通讯；大马力机动渔船作业进入 80 米水深海域。20 世纪 80 年代开始，外海作业成为主要领域。20 世纪 90 年代，实现远洋渔业常规作业，作业渔场扩大到西非、北太平洋、南美、大洋洲、东南亚等海域。

（1）近海捕捞业

近海捕捞一直是山东海洋渔业的主导产业。近海捕捞应用较多的主要渔具为：拖网、刺网、张网、钓鱼具和陷阱类渔具等。山东制定了严格的资源保护和禁渔期政策，改变近海渔业资源衰减局面，适度控制捕捞量，增殖保护渔业资源。

近海探测鱼群技术和辅助捕捞操作技术的主要设备包括垂直探鱼仪、渔用声呐、网情仪、双拖渔船船间距离计、拖网电纲长度张力仪、雷达浮标及其接收器等。现代探鱼仪配备了电子计算机，具有记忆、储存、分析等功能。渔用声呐已发展为电子扫描式，可全方向探测鱼群并能直观显示。助渔仪器和导航仪器、测程设备、网具监测仪器、电子计算机相连接，形成综合助渔系统。渔业调查船可将探鱼和网具监测信号与船舶驾驶、推进系统、渔捞机械等连接起来，进行拖网自动控制。

海产品批发市场一角

（2）远洋渔业

中国近年对远洋渔业做出了政策上的引导和调整，远洋渔业发展速度较快，形成了捕捞、运输、加工、销售、后勤补给一条龙的海外渔业体系。山东远洋渔业使用的主要作业方式为悬臂拖网、远洋大型中层拖网、金枪鱼延绳钓、灯诱鱿鱼钓等。悬臂拖网主要捕捞虾类、头足类和其他底层鱼类。远洋大型中层拖网（变水层拖网），是北太平洋渔场作业的主要网具，主要捕捞狭鳕、大头鳕、无须鳕和鲽类。金枪鱼延绳钓是世界远洋钓渔业中较先进的作业类型，主要捕捞长鳍金枪鱼、黄鳍金枪鱼、肥壮金枪鱼、马苏金枪鱼和鲣鱼等。灯诱鱿鱼钓主要捕捞大型鱿鱼。

2014 年，山东省具有远洋渔业资格的企业为 34 家，从事远洋渔业生产的渔船 400 多艘，远洋渔场遍及四大洋，远洋渔业总产量 37.5 万吨，总产值近 32.5 亿元，同比增长 232%、136%。累计运回自捕水产品 21.7 万吨，比 2013 年增长 13%。总产量中，鱿鱼产量最高，占总产量的 58%，金枪鱼、秋刀鱼、杂鱼各约占 10%，鳕鱼产量占 5.81%。

3. 海水养殖业

山东海水养殖业在全国乃至世界海水养殖业中均占据重要地位。山东海水养殖业随着5次主要人工育苗技术的突破，实现了5次大的飞跃，经历了“鱼、虾、贝、藻、珍”5个阶次，推动中国海水养殖业实现了“养殖高于捕捞”“海水超过淡水”的两大历史性突破。

山东重视本地水产种质资源的保护，形成了多层次的种质资源保护体系。在近20年的时间里，加强了地方水产种质资源的开发研究和保护，适时引进国内外优质种质资源，选育出的品种呈现多样化趋势，逐步形成了一批具有良好产业化前景的品种。尤其是20世纪90年代，山东在全国海水养殖界率先提出了“健康养殖”的概念，在养殖模式及养殖品种方面实现突破。国内主要的养殖模式在山东省均有分布，主要包括池塘（围堰）养殖、底播养殖、浅海（筏式、网箱）养殖、盐田养殖、工厂化养殖。

（1）海水增殖业

山东省倡导“健康养殖”概念，进行示范区建设，增效显著。至2014年，累计建设国家级和省级健康养殖示范区453处，面积1600平方千米，占全国总面积的21.7%。刺参、对虾等十大优势品种占全国海水养殖总产量的70%，产值占全省渔业产值的40%，其中，刺参养殖面积超过860平方千米，产量近10万吨。

（2）海洋增殖业

为恢复渔业资源，解决渔民增收问题，2005年山东省开始实施“渔业资源修复行动计划”，在全国率先对渔业资源实施全面保护和修复。主要保护修复方式为投放（营造）人工鱼（藻）礁，以改善生态环境和放流经济生物苗种，增加资源数量。2014年，全省投入渔业资源修复行动计划资

金 3.43 亿元，比上年增长 10.76%，其中省级以上投入 1.87 亿元。增殖各类水产苗种 59.5 亿尾（粒）；全省人工鱼礁累计达 240 处，造礁 1300 万空方，用海面积 170 多平方千米，位居全国首位。以经济型鱼礁为基础的近岸海洋牧场框架已形成。随着 2010 年前后建设的大批鱼礁项目进入收获期，聚鱼增殖作用日渐显现，礁区海产品总产量大幅增加。

近海养殖

海产品加工

4. 水产品加工业

山东省是全国最大的水产品加工出口基地，出口量多年居全国前列。2014 年水产品出口量 115.5 万吨，占全国首位；出口额 48 亿美元，占全国水产品出口总额的 22.1%。冻鳕鱼、鲽鱼等冻鱼、冻鱼片是山东省主打出口水产品，占山东省水产品出口总额的 70% 以上。日本是山东省水产品出口的最大市场，2014 年对日出口 35.5 万吨，占全省水产品出口的 70.8%，占全国对日水产品出口的一半以上。

即食海参

即食鲍鱼

鳕鱼片

水产品加工是山东三大渔业支柱产业之一。全省不断加大科研投入和新产品研发力度，加快产品结构调整，将生物和工程技术应用到产品研发中，采取变形、变异、仿生等手段开发多样化、系列化、标准化产品，经济效益显著。2014年，全省水产品加工总量674万吨，占全国首位。水产品加工企业1865家，年加工能力935.4万吨，居全国第一。全省水产冷库2000多座，冻结能力每日33.4万吨，冷藏能力每次达到200.7万吨。

全省规模以上水产品加工企业近700家，出口创汇超千万美元的企业136家。好当家集团有限公司、山东蓝润水产有限公司、荣成鑫润水产有限公司、荣成市连海渔业有限公司、赤山集团有限公司、山东省中鲁远洋（烟台）食品有限公司、山东东方海洋科技股份有限公司、青岛鲁海丰食品集团有限公司、靖海集团有限公司、蓬莱京鲁渔业有限公司，是全省十大水产品精深加工和冷链物流基地，代表了山东水产品精深加工和冷链物流的最高水平。

丰富菜品

服务业

山东省服务业多年来发展迅速，规模不断扩大，结构层次与效益同步提升。2014 年实现增加值 25840.1 亿元。

1. 批零餐饮业

山东省社会消费品零售总额连年递增，行业主体和从业人数不断增加，行业外向度进一步扩大。

2011—2014年山东省批发和零售业基本情况

指 标		2011	2012	2013	2014
法人企业	（个）	12026	13644	17134	17474
年末从业人数	（万人）	81	87	102	102
商品购进额	（亿元）	18306.3	22845.8	27460.6	29233.1
进口额	（亿元）	819.8	1135.8	1337.5	1290.7
商品销售额	（亿元）	20586.7	24366.9	31193.4	32112
出口额	（亿元）	712.4	1000.2	998.5	955.5
期末商品库存额	（亿元）	1208.7	1353.8	1901.5	1693.2

动漫角色表演

曲阜大成殿艺术展演

2. 文化艺术业

山东省文化艺术产业已形成演艺、动漫、艺术品等多个优势行业。动漫企业数量增长较快，涵盖动漫制作、图书、报刊、手机动漫、网络游戏、人才培训及衍生产品开发等多行业门类。截至 2014 年底，山东省有动漫企业 600 余家，从业人数 1.7 万人，拥有济南、青岛、烟台 3 个国家级动漫产业基地，10 家企业通过国家动漫企业认定。文化市场品种多，交易量大，济南英雄山文化市场、青州书画市场、淄博艺术陶瓷、潍坊风筝、嘉祥石雕、临沂柳编等一批文化产品特色产业集群较为知名。

皮影艺术表演

相关链接

济南英雄山文化市场 建立于1992年，位于英雄山北麓。经过20余年的发展，逐步成长为济南市文化产业龙头。市场占地面积2万余平方米，营业面积1.8万平方米，有来自全国15个省的经营业户1100余家，经营种类涉及图书期刊、古玩字画、奇石玉器、花卉根雕、工艺陶瓷、笔墨纸砚、文体用品、小商品8大类近4万个品种，节假日客流量达3万人。济南英雄山文化市场是华东地区图书期刊的主要集散地，被誉为“北方最大的文化市场”。典雅的仿古建筑和优美的地理环境交相辉映，特色鲜明，交易灵活，既有门店，又有地摊，满足了不同层次需求，集文化性、趣味性、交流性于一体，是泉城市民休闲购物、品鉴学习的重要场所。每年定期举办“中国（山东）珠宝玉石文玩博览会”和“中国(山东)文房四宝博览会”，被誉为“江北文玩第一家”。2015年8月，英雄山文化市场入选“济南范儿”城市文化符号。

济南英雄山文化市场

济南茶叶批发市场 1996年3月开业的济南茶叶批发市场，位于济南市张庄路中段。20年间成为长江以北中国最大的茶叶产品集散地。市场占地面积6.66万平方米，经营面积8万平方米，建有两座集展览、交易、茶艺茶道表演和茶文化研究、电子商务（“济南茶网”）、茶叶质量检测（茶叶质量检测室）、茶艺师培训中心等多功能于一体的现代化综合大楼。2009年建成具有代表性的仿古建筑“聚茗阁”和面积5000平方米的中心广场，创办了济南市第一家“茶文化博物馆”。来自云南、广西、广东、福建、浙江、安徽、台湾、山东等16个主要产茶区的驻场茶商、茶农、茶厂客户有800余家，经营茶叶及相关产品上万种，茶具、茶包装、茶文化用品应有尽有。交易辐射东北三省、陕甘宁、新疆、内蒙古、北京、天津、河南等20多个省（直辖市、自治区）。10余年来交易量以每年10万担的速度递增。2014年交易量超过86万担，交易额超

济南茶叶批发市场

第六届中国画节会场

18亿元。每年定期举办“中国（济南）国际茶产业博览会暨茶文化节”。2015年建成“茶品牌数码港”，既为茶文化、茶品牌营销和推广提供了活动空间，又彰显了“第一茶市”规模档次的整体提升。具有浓郁民族风情的茶楼一条街，为客商和市民提供了品茶、购茶的场所，成为泉城西部城区观光旅游的靓丽景点。

青州书画市场 青州书画市场有9个书画市场，6个书画创作写生基地，5个书画交流培训平台。书画经营业户765家，书画从业人员1.5万余人。据不完全统计，2013年的书画成交额有上百亿。“全国书画看山东，山东书画看青州”已经成为业界共识。每年从全国各地涌向青州的，除了游客、画商，还有学习书画经营之道的人。青州吸引了安徽、江苏、浙江、河南、河北、北京、辽宁、吉林等省市的客商，山东淄博、泰安、临沂、莱芜、东营、青岛、烟台等地的画廊经营者大量涌入。

“中国柳编之都”临沭的产品

临沂柳编 中国是世界上最大的柳编基地。据统计，山东省的柳编工艺品出口量占全国的80%，临沂市的出口量又占全省的80%。临沂柳编行业现拥有柳编储物篮、柳编果盘、柳编水果篮、柳编洗衣篮、柳编花篮、柳编园艺及草柳、木柳、铁柳、布柳等系列，2万多个品种。其产业带集中分布在沂沭河两岸的临沭、河东、莒南和郯城。其中临沭的规模和产值最大，2014年自营出口额1.5亿美元，占全市出口额的40%，其他三县区各占20%。临沂柳编依靠精美的做工和绿色环保的品质受到国际社会的普遍欢迎和一致好评。

3. 家政服务业

1993 年 6 月，济南市第一家家政服务公司成立。20 多年来，山东省家政服务业发展经历了初创期、成长期和规范发展期，市场规模不断扩大，服务内容日益丰富，服务对象不断拓展，服务质量显著提升，服务企业日益规模化。截至 2014 年底，山东省家庭服务业各类服务企业和网点达 5.2 万家，从业人数 101 万，服务内容含 20 多个门类，200 多个项目。

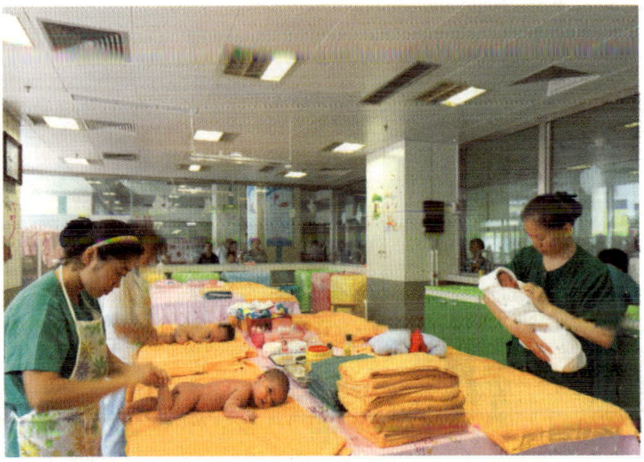

婴幼儿护理

相关链接

济南阳光大姐服务有限责任公司 该公司是济南市妇联于 2001 年 10 月创办的家政服务机构，主要为失业失地妇女、农村富余妇女劳动力、女大中专毕业生等生活困难、就业困难群体提供教育培训、就业安置、权益维护等系列化服务，为社会家庭提供家政服务，公司经多年诚信经营和职业化发展，探索出阶梯式、系列化的培训模式，以家政服务为主、相关服务配套的产业经营模式以及标准化管理，企业社会责任管理并进的科学化管理模式，得到快速发展。公司有全国连锁机构 150 余家，家政服务人员 5 万余人，较早引入 ISO9001 质量管理体系，建立起国家级家政服务标准体系，制定企业标准 800 余项，9 项成为地方标准，5 项成为国家标准。服务领域涉及母婴生活护理、养老服务、家务服务和医院陪护 4 大模块、12 大门类、31 种家政服务项目，并将服务延伸至母婴用品配送、儿童早教、女性健康服务等 10 个领域。

4. 通信服务业

山东省通信服务业发展迅猛。固定电话、移动电话、宽带和移动互联网极大方便了百姓的生产生活，用户数量增长幅度大。山东电话用户总数为 10111.4 万户，占人口总数的 103%；其中固定电话用户为 1447.3 万，居全国第四位；移动电话用户为 8664.1 万，居全国第二位；固定电话用户和移动电话用户分别占全省人口总数的 15% 和 89%。

山东是互联网大省，2014 年全省共有各类网站 15.8 万余家，占全国网站总数的 4.7%；全省网民 4634 万人，移动互联网用户 5569.2 万户，均居全国第二位，手机上网用户占比达到 92.6%，移动客户端、微信公众号成为手机网民获取内容资讯的重要渠道。

智能手机应用

龙口港

5. 交通运输业

山东省拥有较为完善的交通基础设施，公路、铁路、内河航运、海运等运输方式齐全。沿海港口吞吐量快速增长，增速在中国处于领先水平。2014 年全省旅客运输量 7.4 亿人次，货物运输量 26.1 亿吨，货物周转量 8176.9 亿吨千米。高速公路通车里程 5108 千米，沿海港口货物吞吐量 12.9 亿吨。

山东省沿海主要港口货物吞吐量增长情况（单位:千吨）

港口名称	2005	2010	2011	2012	2013	2014
总　计	384010	864210	961880	1066554	1181370	1285930
青岛港	186785	350121	372297	414658	457825	477010
烟台港	45060	150327	180293	243453	286800	319710
日照港	84208	225967	252603	283870	318085	353240
威海港	15317	24072	30025	62000	70007	71100

位于济南的汇丰银行

6. 金融业

山东省金融改革步伐加快，股份制银行、外资银行、城市商业银行、农村商业银行和村镇银行等占比持续扩大，运行良好，保险和证券期货市场主体增长速度快。

2011—2014年山东辖区证券市场情况

项　　目	2011	2012	2013	2014
上市公司数（家）	126	133	134	135
发行A股公司数（家）	124	129	131	133
发行B股公司数（家）	6	6	6	5
A、B股均发行公司数（家）	4	4	4	3
境内、外均发行公司数（家）	6	6	6	6
证券公司数（家）	1	1	1	1
证券营业部数（家）	194	222	244	224
期货公司（家）	3	3	3	3
期货公司营业部（家）	41	47	51	37
证券投资咨询机构数（家）	3	5	6	6
证券投资者开户数（万户）	486	508	526	551

7. 软件和信息技术服务业

2014 年，山东省实现软件业务收入 3100 亿元，产业规模是 2010 年的 3.4 倍。有软件企业 3093 家，从业人员 31 万人。区域聚集发展特点明显，济南、青岛、烟台 3 市实现软件业务收入合计 2970 亿元，占山东省软件产业规模的 96%。泰安泰山云谷互联网产业园，着力打造辐射周边区域的互联网产业集群和信息化产业典范。齐鲁软件园、青岛软件园是中国第一批软件和信息服务业类“国家新型工业化（软件和信息服务）产业示范基地”，入园企业各 2000 余家；浪潮集团、中创软件连续 4 年进入中国自主品牌软件十强，先后承担多个国家“核心电子器件、高端通用芯片及基础软件产品”科技重大专项。

相关链接

齐鲁软件园 齐鲁软件园位于济南高新区。1995 年规划设立，占地面积 6.5 平方千米。园区在产业发展、载体建设上形成了集政策、人才、金融、技术支撑、环境保障于一体的服务体系，高端客户纷纷入驻。先后获得“国家火炬计划软件产业基地”“国家软件产业基地”“国家软件出口基地”等资质和荣誉，已成长为中国软件和信息通信产业领域的创新发展核心区、承接国际信息通信产业技术创新的重要试验区，在推动经济转方式、调结构的战略部署中发挥了重要作用。至 2014 年，园区聚集企业 1400 家，从业人员 8.8 万余人，总销售收入 1203 亿元，其中软件收入 915 亿元。园区重点打造软件和信息服务、互联网应用、集成电路、智能制造四大产业，营造技术、人才、资金高度融合的发展环境，创新搭建促进“大众创业，万众创新”的众创平台，稳步推进“齐鲁创新城”和“智慧谷”建设，努力将园区建设成国内一流、国际先进的高科技创新园区。

齐鲁软件园办公楼内景

对外经贸

1. 对外贸易

山东省位于中国东部沿海，农业、制造业、交通运输业基础良好，对外贸易种类多、交易额大。产品市场遍及全球225个国家和地区。

（1）出口 山东省出口产品主要有机电产品、纺织服装、化工产品、农产品、轻工工艺品。多年来，山东省对外贸易总体稳定增长。2014年，全省外贸出口1447.5亿美元。

机电产品 机械及设备、电器及电子产品、运输工具、金属制品、仪器仪表是山东机电出口前五位产品。主要出口市场依次为美国、欧盟、韩国、东盟、日本等。2014年，全省机电产品出口562亿美元，占全省出口额的38.8%。其中，出口过亿美元企业66家，出口规模前三位的企业分别是鸿富锦精密电子、浪潮乐金数字移动通信、富泰京精密电子。

纺织服装 出口商品主要有针织服装、面料、家纺用品、梭织服装、纱线等。产品主要出口日本、欧盟、美国、韩国、东盟等国家和地区。全省纺织服装出口过亿美元的企业有19家，其中，出口前三位企业为魏桥纺织、青岛即发、孚日集团。2014年全省纺织服装出口货值221.8亿美元，占全省出口额的15.3%。

化工产品 出口商品主要有轮胎、肥料、医药品、柠檬酸等。产品主要出口美国、欧盟、中东、南亚、东盟、韩国等国家和地区。全省化工产品出口过亿美元的企业有13家，其中烟台海港国际物流、潍坊润丰化工、潍坊英轩实业为前三名。2014年化工产品出口货值196.9亿美元，增长9.8%，占全省出口额的13.6%。

农产品 山东省是中国出口农产品质量安全省份。出口的农产品主要有水海产品、蔬菜、水果及坚果、花生、肉食品等，主要出口国家和

乳山草莓

地区为日本、欧盟、东盟、韩国、美国、中东、俄罗斯等。近年山东省加强出口农产品质量安全示范区建设，有9个市建成示范市，83个县（市、区）建成出口农产品质量安全示范区。山东省农产品出口连续16年居全国首位。2014年农产品出口货值157.4亿美元，增长3.5%，占全省出口额的10.9%。

轻工工艺品 出口商品主要有家具、塑料制品、鞋、纸及纸板、箱包、陶瓷产品、玻璃制品等。产品主要出口美国、欧盟、日本、韩国、东盟、中东、南亚、澳大利亚、加拿大等国家和地区。全省轻工工艺品出口过亿美元的企业有9家，其中，出口前三位企业为青岛泰光制鞋、青岛昌新鞋业、太阳纸业。2014年轻工工艺品出口货值113.8亿美元，占全省出口额的7.9%。

从出口市场结构看，山东最大的出口市场是美国和欧盟。其中，2014年对美国出口243.8亿美元，对欧盟出口230.7亿美元。其他出口量较大的国家和地区依次为日本、韩国、东盟、巴西、澳大利亚、南非等。随着高新技术领域一批外商投资企业的投资达产，以加工贸易为主要方式的高新技术产品出口快速增长。2014年高新技术产品（其中92.4%属机电产品）出口货值205.9亿美元。

黄岛口岸的进口整车

（2）进口 山东主要进口商品为机电高新技术产品和资源能源性产品。2014年，机电高新产品进口324.9亿美元，增长18.8%，占进口总额的24.5%。其他进口商品为铁矿砂、粮食、铜材、成品油、铜矿砂、初级形状的塑料、原油、煤炭、铝矿砂、天然橡胶、棉花、食用植物油12大类资源能源性产品。日用消费品乳品、水果、猪肉、牛肉、啤酒的进口增长较快。

从进口来源地看，韩国是第一大进口来源地，其他主要进口来源地依次为东盟、澳大利亚、美国、巴西、欧盟、日本、马来西亚等。2014年全省进口总额1323.7亿美元。

2. “走出去”的山东企业

山东省企业“走出去”开拓市场空间，参与国际经济合作竞争。截至2014年底，全省备案核准境外企业（机构）4086家，中方投资320亿美元（含内保外贷93亿美元），对外实际投资204.5亿美元，对外实际投资连续多年位居全国前列。其中，2014年全省备案核准境外企业（机构）524家，中方投资62.9亿美元，增长39.4%，对外实际投资44.1亿美元，增长14.6%。

山东境外投资企业遍布140个国家和地区，对澳大利亚、塞拉利昂、美国、匈牙利、德国、柬埔寨、新加坡、加拿大以及香港等国家、地区投资位居前列。对“一带一路”沿线国家地区投资增长迅速。行业领域从贸易机构、加工制造等拓展到资源开发、农业种植、房地产、商贸物流等领域，投资方式从单一的绿地投资转为参股并购、证券投资、联合投资等多种方式。境外投资企业在促进东道国经济增长的同时，增加了当地就业。山东企业除了在海外投资建厂，还积极参与公益慈善活动，改善当地基础设施，为东道国经济社会发展和民生事业做贡献。

海尔美国工业园

山东如意集团的澳大利亚卡比棉田

为鼓励走出去企业境外集群式发展，山东省政府认定了山东帝豪中欧商贸物流合作园区、烟台万华匈牙利宝思德经贸合作区、山东桑莎柬埔寨（柴桢）经济特区、青岛瑞昌棉业赞比亚农产品加工合作园区为首批省级境外经贸合作园区。烟台中航林业中俄托木斯克木材工贸合作区、海尔集团巴基斯坦鲁巴经济区、山东帝豪中欧商贸物流合作园区通过商务部、财政部考核验收。

根据商务部2014年公布的数据，兖州煤业、中国重汽、海尔集团、南山集团、烟台万华5家企业进入中国对外直接投资存量跨国公司100强，兖州煤业、海尔集团、烟台万华、潍柴动力、山钢集团、海信电器6家企业进入中国对外直接投资资产总额跨国公司100强，威海华岳、海尔集团、祥光铜业、山东能源、海信电器、兖州煤业、烟台万华、山钢集团、济宁如意9家企业进入中国对外直接投资销售收入跨国公司100强。

烟建集团有限公司援建的莱索托议会大厦

烟建集团有限公司援建的斯里兰卡国家艺术剧院

3. 对外工程承包、劳务合作、对外援助

山东省对外承包工程、劳务合作和援外工程发展迅速，各项业务指标多年位居全国前列。截至2014年底，全省对外承包工程累计新签合同额769.5亿美元，完成营业额542.5亿美元，外派各类劳务人员72.3万人。该年度，全省对外承包工程新签合同额106亿美元，营业额92.5亿美元，派出各类劳务人员5.99万人，分别居全国地方各省市第四位、第二位和第一位。

（1）对外承包工程 山东省对外承包工程规模大、领域广、竞争力强。山东电建三公司、青建集团、山东电建总公司、威海国际公司、中石化胜利石油工程公司、烟建集团、烟台国际公司7家企业入选2014年全球最大国际工程承包商250强。

（2）对外劳务合作 山东是人力资源大省，山东人诚实守信、刻苦耐劳、工作认真，有着良好的信誉。山东省注重外派劳务经营队伍的素质培养，规范市场秩序，建设了对外劳务合作服务平台。山东外派劳务已成为知名品牌。全省有对外劳务合作经营资格企业120多家，对外劳务合作服务平台60多家，每年外派劳务规模5万人左右，连续7年位居全国第一。山东省对外劳务合作项目外派人员主要涉及建筑、加工制造、农林牧渔、餐饮服务等行业，对外劳务人员主要分布在日本、新加坡及阿尔及利亚、安哥拉、赤道几内亚等国家。

（3）对外援助 山东作为沿海经济大省，较早地参与了中国对外援助项目。截至 2014 年底，全省累计承担国家援外项目 249 个，执行的援外金额超过 71.15 亿元。山东省企业贯彻执行中国援外方针政策，高标准、严要求完成援外工程施工任务，建设了一批精品工程，树立了良好的国际形象，得到了受援国政府和人民的高度赞誉。

外资企业产品

落户于烟台的上海通用东岳汽车有限公司

4. 驻山东省的外资企业

1981 年，山东省第一家中外合资企业——鲁兴贸易有限公司落户青岛，拉开了山东省外商直接投资的序幕。截至 2014 年底，全省累计实际使用外资 1544 亿美元。已有 165 个国家和地区的客商在山东投资。195 家世界 500 强企业在山东省投资 565 个项目，合同外资 120.5 亿美元。全省累计境外上市企业 92 家，融资金额 96.4 亿美元。

外资来源 根据 2014 年外商投资企业联合年报数据，实际使用外资前 5 位外资来源地分别是：香港（49%）、韩国（11.7%）、新加坡（6.1%）、日本（5.9%）、美国（3.6%），占总量的 76.3%。

产业投向 第一产业实际使用外资占 2.1%，第二产业实际使用外资占 68.9%，第三产业实际使用外资占 29%。实际使用外资前 10 位的行业大类分别是：房地产业（14.7%）、交通运输设备制造业（7.6%）、通信设备计算机及其他电子设备制造业（5.4%）、农副食品加工业（5.1%）、化学原料及化学制品制造业（4.4%）、有色金属冶炼及压延加工业（3.9%）、非金属矿物制品业（3.7%）、通用设备制造业（3.3%）、专用设备制造业（3.1%）、金属制品业（3.1%），合计占总量的 54.4%。

区域布局 实际使用外资前 5 位的城市分别是：青岛（33.6%）、烟台（14%）、济南（11.3%）、威海 (6.5%)、潍坊（5.7%），合计占总量的 71.1%。

2014 年，全省实际使用外资 152 亿美元。

LG 电子与山东浪潮集团合资建立了浪潮 LG 数码移动通信技术服务中心

西门子公司在济南的变压器生产车间

园区经济

1. 经济开发区

建立经济技术开发区，是中国改革开放初期推进对外开放的重大战略。1984 年 5 月，中国进一步开放天津、上海、大连、烟台、青岛、广州等 14 个沿海港口城市，扩大开放城市的权限，逐步兴办经济技术开发区。1984 年 10 月，国务院批准青岛、烟台设立经济技术开发区，由此拉开了山东经济开发区建设的序幕。

山东现有国家级经济技术开发区 15 家，省级经济开发区 137 家。形成了以国家级开发区为龙头，省级开发区为主体，布局优化、形式多元、各具特色的发展格局。30 年来，山东省经济开发区一直保持发展速度明显高于全省平均水平，主要经济指标在全省所占比持续上升的势头，发挥

烟台经济技术开发区

青岛经济技术开发区

相关链接

山东的国家级经济技术开发区 共15个，分别为青岛、烟台、威海、东营、潍坊滨海、日照、邹平、临沂、招远、德州、明水、胶州、聊城、滨州、威海临港经济技术开发区。

了改革开放“试验田”和经济发展“排头兵”作用。和宏观经济发展形势一致，开发区经济总体上呈现增速平稳放缓、结构加快调整、内涵孕育提升的趋势。2014年，山东省经济开发区实现规模以上工业增加值22182.7亿元，增长13.9%，高于全省4.3个百分点；实现公共财政预算收入2153亿元，增长17.1%，高于山东省全省增幅6.9个百分点，占全省公共财政预算收入的42.8%；固定资产投资21859.6亿元，增长17.7%，占全省固定资产投资的52.5%；实际利用外资85.3亿美元，外贸进出口1577.3亿美元，分别占山东省总额的56.1%、56.9%。

2. 高新技术产业开发区

高新技术产业开发区指中国改革开放后在一些知识密集、技术密集的大中城市和沿海地区建立的发展高新技术的产业开发区。高新技术的范围包括：微电子科学和电子信息技术，空间科学和航空航天技术，材料科学和新材料技术，光电子科学和光机电一体化技术，生命科学和生物工程技术，能源科学和新能源、高效节能技术，生态科学和环境保护技术，地球科学和海洋工程技术，基本物质科学和辐射技术，医药科学和生物医学工程，其他在传统产业基础上应用的新工艺、新技术。高新技术范围会根据国内外高新技术的不断发展而进行补充和修订。开发区在高新技术的开发、成果商品化、产业化以及引进外资等方面发挥着重要的示范带动作用。

到 2014 年底，山东已设立国家级和省级高新区各 10 家。其中国家级高新区 10 家：青岛、济南、烟台、济宁、威海、淄博、潍坊、临沂、泰安、枣庄，数量居全国前列。山东高新区主要经济指标保持了年均超过 30% 的增长速度，主要经济指标均占到了全省的 10% 以上。无论经济总量、高新技术产业规模，还是增长速度、运行质量，都在全省占据重要位置。全省高新区 R&D 经费（全社会研究与试验发展经费）支出年均增长高于 30%，约占同期全省 R&D 经费支出的 30%。

按照国家最新的认定标准统计，山东约 35% 的高新技术企业集中在高新区，已建设国家级工程技术研究中心 6 家，引进大院大所共建省级以上重点实验室 70 余家，建设国际微电子技术研发中心、朗讯研发中心、宋健科研中心等各类研究机构 200 多家，建有各种类型孵化器 60 余家，孵化场地面积 320 多万平方米。

济南高新技术产业开发区一角

山东一直高度重视教育，保证财政投入。教育投入占全部财政支出的投入比重超过了五分之一。山东教育结构日趋合理，质量稳步提升。

第六章

教育与科技

- 教育
- 科技

济南市经五路小学乒乓球比赛

教 育

山东一直高度重视教育，保证财政投入。教育投入占全部财政支出的投入比重超过了五分之一。山东教育结构日趋合理，质量稳步提升。

山东省的教育分为基础教育、高等教育两个阶段。基础教育包含学前教育、小学教育、初中教育和高中教育 4 个阶段。其中，学前教育主要对象为 3 周岁以上不满 6 周岁的学龄前儿童。全省实行九年义务教育制度，政府将小学教育和初中教育纳入义务教育范围，凡年满 6 周岁的儿童均要接受并完成义务教育，省内大部分地区实行小学 6 年、初中 3 年的“六三”学制，烟台、威海、淄博、莱芜 4 个市实行小学 5 年、初中 4 年的“五四”学制。学生接受义务教育所需的学费、基础建设、教师工资等全部由财政承担。高等教育分为本专科教育、研究生教育等阶段。

1. 基础教育

山东省适龄儿童均能就近接受义务教育，小学学龄儿童净入学率为 99.98%。义务教育阶段后，学生可选择侧重知识学习的普通高中或侧重技能培养的中等职业学校。

特殊教育方面，山东省基本形成以残疾儿童随班就读为主体，特教学校为骨干，从学前教育到高等教育，从教师教育到职业培训相对完善的特殊教育体系，残疾少年儿童可以通过随班就读、送教上门、特教学校学习等方式接受教育。133 个 30 万以上人口的县（市、区）中有 113 个设立了特殊教育学校。

济阳县一学校的“千人诵读”

2. 高等教育

2014 年底，山东省共有普通高等学校 142 所，其中普通本科院校 66 所（含部属高校 3 所，省属公办高校 41 所，民办高校 11 所，独立学院 11 所），高职高专院校 76 所；独立设置成人高等学校 11 所。普通高等学校中，国家“985 工程”建设高等学校 2 所，“211 工程”建设高等学校 3 所，省部共建高等学校 9 所。山东省高等教育在校生（含研究生、普通本专科、成人本专科）235.6 万人，高等教育毛入学率 45.05%。

山东省 17 个市都设有普通本科高等学校，济南市和青岛市等大城市高校分布较多。基本格局是政府为办学主体，社会各界共同参与，公办学校与民办学校共同发展。有公办高校，也有民办高校；有本科高校，也有专科高校。学科专业方面，省属本科院校学科门类覆盖了国家教育部《普通高等学校本科专业目录（2012 年）》的所有学科门类，涵盖了目录中全部 92 个专业类别的 97.8%。从行业覆盖面来看，基本上覆盖国家 2011 年颁布实施的《国民经济行业分类》（GB/T 4754-2011）中所列的 20 个门类中 90% 的行业。

山东省建设了一大批实力强、质量高、特色鲜明的高水平应用型大学。2014 年全省普通本专科毕业生 46.41 万人，毕业生总体就业率、社会用人单位满意度较好，为经济社会发展提供了强有力的人力资源支撑和智力支持。部属院校有山东大学、中国海洋大学、中国石油大学（华东）。

山东建筑大学研究生毕业

相关链接

山东大学 前身为山东大学堂，创建于1901年，是继京师大学堂之后中国创办的第二所国立大学，是国内少有的百年大学，也是中国近代高等教育的起源性大学。校训为："学无止境，气有浩然"。山东大学是国家"985工程"和"211工程"重点建设的高水平大学之一，为国家培养了40余万各类人才。学校总占地面积5.33平方千米，在济南、青岛、威海3个城市办学，呈现一校三地分布式办学结构，在中国高等教育体系中独具一格。在校各类全日制学生6万人，其中，全日制本科生4万余人，研究生1.6万余人，留学生近2000人。在职教职工中，教授1105人，博士生导师905人。有中国科学院和工程院院士8人，双聘院士46人。有国家重点实验室、国家工程技术研究中心、国家工程实验室、国家工程技术推广中心、国家重大新药创制平台等国家级科研平台8个，国家"111"计划学科创新引智基地5项，教育部人文社会科学重点研究基地4个，教育部、卫生部重点实验室及工程研究中心20个，另有大批省级重点实验室和工程技术研究中心。有4所附属医院，3所非隶属附属医院，11所教学、实习医院。学校学科综合优势突出，不仅形成了"文史见长"的学术特色，在自然科学、工程及医学领域也位于中国高校前列。13个学科的学术影响力和贡献能力跨入ESI（基本科学指标数据库）世界排名前1%的行列，在国内高校排名第八位。

山东大学中心校区

相关链接

中国海洋大学 位于青岛市，是一所以海洋和水产学科为特色，包括理学、工学、农学、医（药）学、经济学、管理学、文学、法学、教育学、历史学、艺术学等，学科门类较为齐全的教育部直属重点综合性大学，是国家“985 工程”和“211 工程”重点建设高校之一。校训是“海纳百川，取则行远”。始建于 1924 年，历经私立青岛大学等 7 个历史时期，于 2002 年 10 月更名为中国海洋大学。设有 17 个院（系），1 个基础教学中心，1 个社会科学部，69 个本科专业。现有 13 个博士后流动站、13 个博士学位授权一级学科，83 个博士学位授权学科（专业），34 个硕士学位授权一级学科点、196 个硕士学位授权学科（专业），15 个类别硕士专业学位授权点。有 2 个一级学科国家重点学科，10 个二级学科国家重点学科。拥有供教学实践和科学考察使用的 3500 吨级“东方红 2”海洋综合科学考察实习船，300 吨级“天使 1”科考交通补给船。有在册各类学生 45700 余人，其中全日制博士研究生 1700 余人、硕士研究生 7200 余人、本科生 15400 余人，留学生 900 余人。教职工 3000 余人，其中专任教师 1600 余人。有中国科学院院士 4 人、中国工程院院士 5 人，“千人计划”特聘教授 6 人。在地球科学、植物学与动物学、工程技术、化学、材料科学、农学、生物学与生物化学、环境学与生态学、药理学与毒理学等 9 个学科（领域）跻身美国 ESI 全球科研机构排名前 1%。

中国海洋大学

中国石油大学（华东）校园

中国石油大学（华东） 中国石油大学（华东）是教育部直属全国重点大学，是国家“211工程”和“985工程优势学科创新平台”高校之一。是石油、石化高层次人才培养的重要基地，被誉为“石油科技人才的摇篮”。以工为主、石油石化特色鲜明，多学科协调发展。校训为“惟真惟实”。学校有青岛、东营两个校区，校园总面积3.17平方千米，建筑面积137万平方米。学校设有研究生院和12个教学院部，有61个本科专业，全日制在校本科生近20000人、研究生5700余人，留学生近千人。有教授、副教授932人，博士生导师184人。教师中有两院院士7人。有矿产普查与勘探、油气井工程、油气田开发工程、化学工艺、油气储运工程5个国家重点学科，地球探测与信息技术、工业催化2个国家重点（培育）学科，11个博士后流动站，11个博士学位授权一级学科，45个博士点，33个硕士学位授权一级学科，150个硕士点，另有工商管理硕士、翻译硕士、会计硕士和20个工程硕士授权领域。在基础理论研究、应用研究等方面具有较强实力，在10多个研究领域居国内领先水平和国际先进水平。有重质油国家重点实验室、油气加工新技术教育部工程研究中心、石油石化新型装备与技术教育部工程研究中心等54个国家及省部重点实验室和研究机构。

山东大学研究生毕业合影

3. 研究生教育

山东省有博士学位授予单位 21 个，博士学位授权一级学科 131 个；硕士学位授予单位 36 个，硕士学位授权一级学科 467 个。研究生教育总规模超过 10 万人，其中全日制在校研究生 7.3 万人左右，包含博士研究生 8500 人左右，硕士研究生 6.5 万人左右。

山东省的研究生专业学位教育具备较强实力。全省专业学位研究生培养单位为 31 个。国家确定的 39 种专业学位类型，山东省有 38 种。有博士专业学位授权点 6 个，硕士专业学位授权点 210 个。专业学位教育总的培养规模大体与学术学位研究生教育持平。

4. 职业教育

山东有各类中等职业学校 732 所，在校生 140 万人；高职院校 76 所，在校生 76 万人；成人继续教育在校生 46 万人。职业院校毕业生就业率 95% 以上，平均每年为社会培养输送近 90 万名技术技能人才，培训上百万名城乡劳动力，为经济社会发展奠定了雄厚的技术技能型人力资源基础。

职业教育院校厨艺雕花大赛

政府对中等职业教育实行全免费。中职学校与普通高中办学规模、办学条件大体相当。专科层次职业教育规模占全省高等教育规模的一半以上。高职院校从高中生中招收，也从中职学校毕业生、应用型高等学校招收。中职、专科、本科、专业硕士研究生贯通培养路径通畅。学历职业教育人才培养定位清晰，结构合理，形式多样，有机衔接。

相关链接

职业院校技能大赛制度　2008 年开始，山东每年在全省举办职业院校技能大赛。2014 年中职组比赛设财经商贸、加工制造、交通运输、旅游服务、石油化工、土木水利、信息技术、医药卫生、文化艺术 9 个专业类别的 35 个比赛项目；高职组比赛设财经、电子信息、交通运输、旅游、生化与药品、土建、文化教育、医药卫生、制造、资源与测绘 10 个专业类别的 10 个比赛项目。

中职会计技能赛闭幕式

校企合作　山东的职业院校注重与浪潮、联想、惠普、微软、甲骨文等国内外高端企业集团合作，认定 1189 家省级企业实训基地，推动校企共同制定人才培养方案、设立专业、开发课程，将企业生产服务标准转化为教学标准，提升教学品质和针对性；分专业集群成立了 15 个省级职业教育专业建设指导委员会和 31 个职教集团，有效推进学校与行业企业对接。政府出台了 9 项校企合作税收优惠政策。企业积极参与职业教育。

终身教育体系　山东省鼓励中职教育实行弹性学制，高职教育实行自主招生注册入学制，成人高等学历教育实行学分制，增强职业教育体系的开放性和多样性，建立起劳动者终身学习保障机制。劳动者能够在职业发展的不同阶段，通过多次选择、多种方式灵活接受职业教育和培训。职业教育成为劳动者得以持续学习和提升的教育。

5. 国际交流与合作

山东省高校以国际友好省州为平台，重点发展与美国康涅狄格州，加拿大不列颠哥伦比亚省、魁北克省，法国布列塔尼大区、卢瓦尔大区，德国巴伐利亚州，澳大利亚南澳洲，英国苏格兰，韩国京畿道的合作关系。同时，积极发展与巴西、阿根廷、印度、印度尼西亚等国的合作，为山东省高校和中小学搭建交流与合作的平台。全省学校已与 54 个国家的 666 所学校和教育、科研机构建立了比较稳定的合作关系，友好交流频繁。

相关链接

与山东省学校建立合作关系的国家 阿根廷、阿联酋、爱沙尼亚、爱尔兰、奥地利、澳大利亚、巴基斯坦、巴西、白俄罗斯、比利时、波兰、朝鲜、丹麦、德国、多哥、俄罗斯、法国、菲律宾、芬兰、古巴、哈萨克斯坦、韩国、荷兰、加拿大、加纳、柬埔寨、捷克、津巴布韦、科特迪瓦、肯尼亚、马来西亚、美国、蒙古、墨西哥、纳米比亚、尼日利亚、挪威、日本、瑞典、塞内加尔、斯里兰卡、泰国、突尼斯、土耳其、乌克兰、西班牙、新加坡、新西兰、匈牙利、伊朗、意大利、印度、印度尼西亚、英国。

政府奖学金 驻山东省高校利用中国政府奖学金和省政府奖学金，吸引国际优质生源来鲁留学。全省 86 所高校接收外国在校留学生 16000 多人，其中学历生 7000 多人，生源国家和地区 100 余个。中小学校依托自身特色和优势，吸引海外学生就读。2014 年 296 所中小学接收外国学生 8000 多人。2014 年获得中国政府奖学金的院校为：山东大学、中国海洋大学、中国石油大学（华东）、济南大学、青岛大学、烟台大学、鲁东大学、山东师范大学、山东理工大学、山东科技大学、青岛科技大学。

外教 山东引进国外先进的师资和教育理念，聘请外国专家任教。2014 年驻山东省高校共聘请文教专家（教师）超过 3000 人。外教主要来自美国、韩国、英国、加拿大、日本、澳大利亚、俄罗斯、德国、法国、新西兰、意大利、印度、巴基斯坦等国家。山东师范大学等 4 所高校的外国专家获得 2014 年度省政府“齐鲁友谊奖”。

出国留学 学生出国留学分为公派出国留学和自费出国留学两个渠道。2014 年，全省教育系统共有 3022 人通过公派出国留学。全省出国留学中介机构有 76 家，2014 年通过中介出国留学的学生超过 11000 人。

驻鲁高校开设的孔子学院和孔子学堂 截至 2014 年，山东省教育厅和山东大学、山东师范大学等 8 所高校与 12 个国家合作建设了 23 所孔子学院，山东省中小学与 5 个国家合作开设了 28 所孔子课堂。

坐落于乌克兰的孔子学院

山东省已设立的孔子学院和孔子课堂

序号	孔子学院 / 孔子学堂	中方合作单位
1	加拿大新布伦瑞克省孔子学院（2007）	山东省教育厅
2	加拿大埃德蒙顿孔子学院（2008）	
3	新加坡南洋理工大学孔子学院（2007）	山东大学
4	荷兰莱顿大学海牙孔子学院（2007）	
5	澳大利亚阿德莱德大学孔子学院（2007）	
6	韩国国立忠南大学孔子学院（2007）	
7	韩国东西大学孔子学院（2007）	
8	蒙古国立大学孔子学院（2007）	
9	法国布列塔尼大区孔子学院（2008）	
10	美国加州大学圣塔芭芭拉分校孔了学院（2015）	
11	美国德克萨斯A&M大学孔子学院（2008）	中国海洋大学
12	韩国又石大学孔子学院（2009）	山东师范大学
13	肯尼亚肯雅塔大学孔子学院（2009）	
14	美国康涅狄格州中央州立大学孔子学院（2014）	
15	巴西帕拉州立大学（2014）	
16	韩国大佛大学孔子学院（2007）	青岛大学
17	美国南佛罗里达大学孔子学院（2012）	
18	法国卢瓦尔孔子学院（2009）	鲁东大学
19	约旦费城大学孔子学院（2011）	聊城大学
20	刚果（布）·恩古瓦比大学孔子学院（2012）	济南大学
21	美国丹佛社区大学孔子学院（2014）	
22	美国北方州立大学孔子学院（2014）	
23	韩国国立安东大学孔子学院（2012）	曲阜师范大学

序号	孔子学院 / 孔子学堂	中方合作单位
24	美国俄亥俄州马瑞恩学校孔子课堂（2009）	济宁学院附属中学
25	加拿大奥华初中孔子课堂（2009）	
26	南非开普数学科技学院孔子课堂（2009）	淄博实验中学
27	泰国玫瑰园中学孔子课堂（2009）	山东大学附属中学
28	加拿大罗斯高中孔子课堂（2009）	山东省实验中学
29	加拿大拉泽特高中孔子课堂（2009）	青岛二中
30	美国普林斯顿高中孔子课堂（2013）	
31	俄罗斯彼尔姆市第二中学孔子课堂（2014）	
32	加拿大伊丽莎白皇后高中孔子课堂（2009）	潍坊一中
33	加拿大莉莲奥斯本高中孔子课堂（2009）	泰山外国语学校
34	加拿大迈克纳利高中孔子课堂（2009）	烟台二中
35	加拿大柏桥初中孔子课堂（2009）	济南外国语学校（初中部）
36	加拿大若林初中孔子课堂（2009）	青岛育才中学
37	加拿大侨德小学孔子课堂（2009）	山东省实验小学
38	加拿大梅约纳小学孔子课堂（2009）	济南东方双语实验学校
39	加拿大侨望小学孔子课堂（2009）	泰安市实验学校
40	加拿大美德乐小学孔子课堂（2009）	寿光世纪学校（小学部）
41	加拿大德华小学孔子课堂（2009）	曲阜市春秋小学
42	加拿大伦敦德里学校孔子课堂（2014）	青岛经济技术开发区实验初级中学
43	加拿大伊迪斯罗杰斯学校孔子课堂（2014）	滨州实验学校
44	加拿大埃科勒学校（法语学校）孔子课堂（2014）	临沂大学附中（小学和初中部）
45	加拿大埃德蒙顿中心高中孔子课堂（2014）	山东省胶州市第一中学
46	美国麦克曼高中孔子课堂（2012）	淄博一中
47	美国格拉斯顿伯瑞公学孔子课堂（2013）	泰安一中
48	美国西哈特福德学区孔子课堂（2013）	泰安长城中学
49	美国纽顿公学孔子课堂（2013）	聊城三中
50	美国日落山学校孔子课堂（2013）	潍坊高新双语学校
51	美国辛斯伯利公学孔子课堂（2013）	山东师范大学第 附属中学

6. 高校科研

山东高校数量多，科研平台实力强，为开展重大科学研究、集聚高层次人才、发挥人才创新能力提供了良好基础平台。山东省高校牵头组建的重大科研创新平台有308个。其中，国家重点实验室4个，国家工程实验室2个，国家工程技术研究中心5个，省部共建国家重点实验室培育基地4个，国家地方联合工程研究中心2个；教育部重点实验室27个，教育部工程研究中心15个，教育部人文社会科学研究基地6个；山东省重点实验室66个，山东省工程实验室6个，山东省工程技术研究中心145个。

相关链接

国家重点实验室 驻山东的高校有4个国家重点实验室：晶体材料国家重点实验室（山东大学），微生物技术国家重点实验室（山东大学），作物生物学国家重点实验室（山东农业大学），重质油国家重点实验室（中国石油大学）。

国家工程技术研究中心 驻山东有5个高校国家工程技术研究中心：国家糖工程技术研究中心（山东大学），国家胶体材料工程技术研究中心（山东大学），国家辅助生殖与优生工程技术研究中心（山东大学），国家海洋药物工程技术研究中心（中国海洋大学），国家苹果工程技术研究中心（山东农业大学）。

山东省高等学校协同创新中心 2013年设立的“山东省高等学校协同创新中心”，以科技成果转化为重点，取得了一批标志性成果，产生了显著经济效益。由青岛科技大学牵头组建的“绿色轮胎协同创新中心”，取得标志性成果7项，转化成果4项，产生经济效益7.8亿元；由烟台大学牵头组建的“新型制剂与生物技术药物研究协同创新中心”，取得标志性成果3项，转化成果2项，产生经济效益1亿元；由山东理工大学牵头组建的“新能源汽车协同创新中心”，取得标志性成果3项，转化成果4项，产生经济效益4.8亿元；由青岛理工大学牵头组建的“蓝色经济区工程建设与安全协同创新中心”，取得标志性成果23项，转化成果9项，产生经济效益17.6亿元。

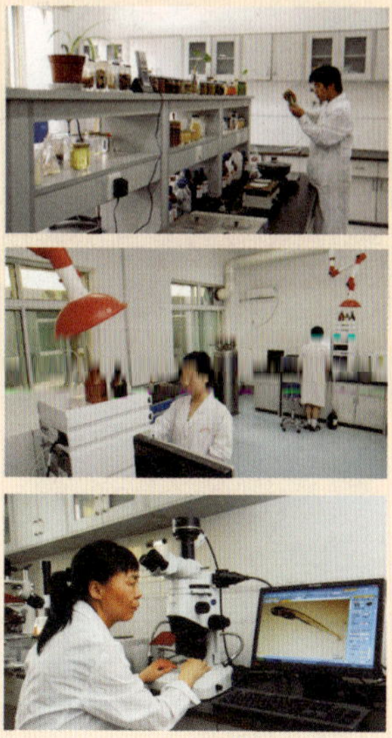

实验室里的科研人员

科 技

山东省历来重视科学技术对促进经济社会发展和提高人民生活水平的作用。省政府每年对科技进步和技术创新做出贡献的集体和个人进行奖励。从科技部的相关监测数据来看，山东省的区域创新能力位居全国第六位，已经进入创新能力较强的地区行列。

1. 科技投入

（1）政府投入

山东省重视科技在社会发展过程中的关键作用。科技研究与试验发展（R&D）经费支出从 2000 年的 51.95 亿元，增长到 2014 年的 1343.81 亿元，增长幅度为 2487%；研发经费支出占全省生产总值的比重跨越式增长，全省 R&D 经费支出占全省生产总值的比重 2000 年为 0.61%，2014 年为 2.3%。从全国来看，山东省已跻身 R&D 经费支出最多的 6 个省市（江苏、广东、山东、北京、浙江、上海），超过全国平均水平，位列第三。

2010–2014年山东政府科技投入及相关数据

年份	R&D经费中的政府资金（单位：亿元）	当年山东省生产总值（单位：亿元）	R&D经费中政府资金占生产总值的比重
2010	58.9	39416.2	0.15%
2011	72.1	45429.2	0.16%
2012	92.2	50013.2	0.18%
2013	98.6	54684.3	0.18%
2014	101.4	59426.6	0.17%

（2）企业投入

山东省实体公司注重科技创新，持续增加研发投入，用于支持其研发机构和团队的创新实践，使企业保持旺盛的创新活力和市场竞争能力。从 R&D 经费支出情况来看，2010—2014 年，企业资金呈现了较为明显的快速增长趋势。5 年企业 R&D 资金投入情况增长态势图如下：

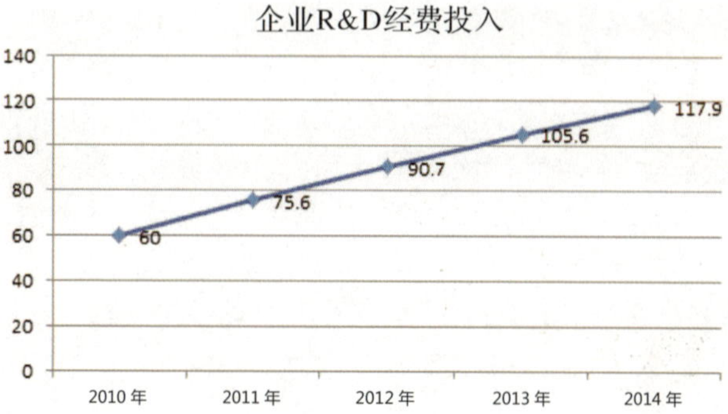

（单位:亿元）

相关链接

潍柴动力 潍柴动力股份有限公司是中国综合实力最强的汽车及装备制造集团之一。集团拥有现代化的国家级企业技术中心及国内一流水平的产品实验中心，设有博士后工作站，在美国、欧洲，以及中国的潍坊、上海、重庆、扬州、西安等地建立研发中心，确保企业技术水平保持世界前沿。依托全球领先的研发平台，企业先后承担和参与了 22 个国家“863 项目”、科技支撑计划、国际合作计划和科技攻关项目，获得产品和技术授权专利 1400 多项，主持和参与行业和国家标准制定 45 项。其中高速大功率“蓝擎”发动机及 WP7 系列发动机均达到国家第五阶段机动车污染物排放标准，在经济性、可靠性、环保性等方面均达到国际领先水平。2013 年“重型高速柴油发动机关键技术及产业化”项目获国家科技进步二等奖，打破了国外对重型高速柴油机的技术垄断。2014 年公司自主研发的 ECU（电子控制单元）电控系统成功配套天然气发动机，2015 年 WP13 大马力重型商用车发动机正式上市。潍柴动力的科技创新投入获得了丰富的回报，强大的自主创新能力显著提升了企业的竞争力。

2. 科技创新领先的行业

新中国成立以来，山东省在海洋科技、农业科技、轻工科技等领域的发展水平一直处于全国领先地位。电子科技虽然起步较晚，但通过几年的快速发展，已成为科技创新的后起之秀。

（1）海洋科技

山东是全国海洋科技力量的聚集区，在海洋基础研究和应用技术研究方面优势明显。以青岛为中心，聚集了中国科学院海洋研究所、中国水产科学院研究所、中国海洋大学、国家海洋局第一海洋研究所、青岛国家海洋科学研究中心、青岛海洋地质研究所等涉海科研、教学机构40多个，拥有上万人的海洋专家队伍和20多艘海洋调查船，20多个重点实验室，近20名海洋界两院院士，占据国家海洋重大科技任务的“半壁江山”。

在雄厚的科研基础上，山东在多个涉海领域创造了多个产业国内第一甚至世界领先。山东半岛的海水养殖全国第一，养殖产量约占全国的1/3；沿海卤水化工全国第一，总产值占全国的一半以上；海藻化工产业全国第一，占全国近1/4的市场份额；海洋生物制药全国第一，约占全国总量的2/5；海洋工程技术产业全国第一，销售收入约占全国的2/5。

深海拖曳系统

2011年1月，国务院正式批复成立山东半岛蓝色经济区。青岛蓝色硅谷核心区作为山东半岛蓝色经济区国家级重点项目，将被打造为世界第七大国家级海洋科学研究中心。青岛蓝色硅谷核心区先后引进建设海洋国家实验室、国家深海基地、国家海洋设备质检中心等20余所“国字号”科研机构和高等院校，以及中航动力非晶材料研究院、光明环保、澳华智能机器人等130余个企业研发中心。国家深海基地主体工程和作为海洋科研领域“世界级”水准项目的青岛海洋科学与技术国家实验室主体已完工，“蛟龙号”深海载人潜水器正式入驻。蓝色经济区的批复和建设，巩固了山东在海洋渔业资源可持续利用、海水综合利用、海洋防腐蚀科技、海洋创新药物开发、海底资源地质与探测领域、海洋能源开发等领域的优势地位。

“蛟龙号”载人潜水器

相关链接

海水养殖及海参养殖 作为中国第一海水养殖大省，山东省注重科学养殖、绿色养殖。2014 年，山东省海参养殖年产量已超过 9.9 万吨，占全国海参产量的一半以上，年产值超过 160 亿元。随着养殖技术的不断发展和成熟，山东省的海参养殖已成为继藻类、虾类、贝类、鱼类养殖之后海水养殖业的第五个重要增长点，是单品种产值最高的海水养殖品种。

海水养殖

海洋生物制药 山东省是中国现代海洋药物研究和产业发展的发源地，在海洋生物医药研究和产业化方面领军全国。从 2008 年起，山东海洋生物医药业增加值超过全国海洋生物医药业增加值，稳居国内首位。中国第一个海洋生物药物藻酸双酯钠（PSS）在山东研制成功，之后甘糖酯、海力特、降糖宁、海昆肾喜胶囊等海洋药物也实现产业化，仅 PSS 的总产值已超过 35 亿元，利税近 10 亿元，取得了显著的经济效益和社会效益。在海洋生物制药领域，山东省拥有多项自主知识产权，正在进行临床实验的海洋药物有抗艾滋病新药 911、抗脑缺血新药 D-聚甘酯、抗动脉粥样硬化新药 916、抗早老性痴呆新药 971、抗艾滋病中药新药 F-苷肽、抗帕金森海洋化工物质 MW147 等，尿路结石抑制剂 872 已申报新药临床研究。

（2）农业科技

山东省是中国农业大省，农业增加值长期稳居国内第一位。在山东的农业发展过程中，农业科技发挥了关键作用。驻山东的 40 位院士当中，来自农业科技领域的院士数量仅次于来自海洋科技领域的院士数量，位居第二；山东拥有山东农业大学、青岛农业大学、山东农业科学研究院等诸多涉农院校和农业

玉米育种专家李登海

科研机构；有19个现代农业科技创新团队，基本覆盖了全省农业、畜牧、水产等优势主导产业，专家已超过1800人，吸纳了93个农业科研、教学和龙头企业。全省农业科技进步贡献率58%，高出全国平均水平5个百分点。

山东的玉米育种专家李登海与“杂交水稻之父”袁隆平比肩；小麦育种专家李振声院士荣获2006年国家最高科学技术奖；中国首例“胎儿皮肤上皮细胞”克隆牛于2001年11月在莱阳农学院动物胚胎工程中心诞生。

2014年山东无公害产地认定面积和绿色食品原料产地环境监测面积分别达到1700平方千米和8600平方千米。

相关链接

渤海粮仓　“渤海粮仓”是国家重大科技支撑计划项目“渤海粮仓科技示范工程”的简称，该项目针对环渤海低平原3万平方千米中低产田和近7000平方千米盐碱荒地淡水资源匮乏、土壤瘠薄、盐碱制约粮食生产的问题，重点突破土、肥、水、种等关键技术，并在当地建立粮食增产示范区，目标是实现到2017年增粮30万吨、2020年增粮50万吨。2013年项目实施后，山东省作为渤海粮仓工程最早启动的试验区，在资金投入和技术支持上建立了重大科技专项，滨州、德州、东营等相关市进展顺利。

登海种业　山东登海种业股份有限公司成立于1985年，公司以董事长李登海名字命名。是中国第一个民营玉米产业化的种子企业。登海种业在全国设立了32处育种中心和试验站，是全国最大的玉米育种科研平台，拥有216名科研人员，其中9名研究员享受国务院特殊津贴。公司长期致力于玉米育种与高产栽培研究，已选育出100多个紧凑型玉米杂交种，其中43个通过审定，获得7项发明专利和38项植物新品种权。另外，公司与国内大专院校广泛合作，开展转基因、分子标记、单倍体诱导、细胞工程、辐射、航天等高技术育种研究，获得国家科技进步一等奖、国家星火一等奖等25项国家级及省部级奖项。承担国家级、省部级课题41项，其中863计划、国家科技支撑计划等国家级课题16项。李登海本人获2006年度山东省科学技术最高奖。

（3）轻工科技

山东省轻工业门类齐全，产值居全国第二位，经济效益连续7年稳居全国第一位。其原因在于行业背后的强大科技支撑。轻工科技创新优势产业集中在食品、造纸、家电、盐业、塑料、日用硅酸盐等领域，其中食品、造纸、家电、塑料4大行业销售收入占行业销售收入的70%左右。

到2014年底，山东省轻工行业有国家级企业技术中心30多家，约占全省国家级企业技术中心总数的三分之一；山东省轻工百强企业70%以上建立了省级以上企业技术中心。以科技为先导，山东轻工行业创造出了一大批自主知名品牌，如海尔家电，青岛啤酒，张裕葡萄酒，澳柯玛冰柜，得利斯、金锣、喜旺肉制品，晨鸣、华泰纸业，九阳豆浆机，三环锁具，玫德管件，泰山体育用品，云龙绣品，艺达工艺家纺，山花地毯等。山东省拥有轻工类中国驰名商标的数量在全国遥遥领先。

（4）电子科技

山东的电子科技虽然起步较晚，但经过快速发展，已具备产业规模化竞争优势。山东成为全球重要的电子信息产品制造基地，信息技术产业产值连续多年居全国前列。济南在云计算领域已具备了国内领先的产业基础和技术支撑能力，成

中国电声行业的龙头企业歌尔股份有限公司

为继南京之后第二个“中国软件名城”，软件业务收入占全省软件业的57.5%。烟台经济技术开发区的通信设备产业基地、青岛市的家电及电子信息产业基地、山东齐鲁软件园、山东青岛软件园4个信息技术产业聚集区，被认定为国家新型工业化产业示范基地。惠普（济宁）国际软件人才及产业基地、青岛—惠普软件全球大数据应用研究及产业示范基地、富士康（菏泽）产业园、华戎（德州）北斗科技产业基地等相继落户山东，信息技术产业和软件信息服务业聚集效应初步形成。

山东在科技含量较高的电子产品如服务器、平板电视、蓝牙耳机、ERP（企业资源计划管理）软件等领域，拥有较高的国内市场占有率。浪潮集团继续保持国产服务器品牌国内市场占有率第一，并进入国际市场前5位，ERP软件在国内20%的上市公司得到应用；潍坊歌尔股份有限公司在微型麦克风、蓝牙耳

相关链接

浪潮集团 位于济南的浪潮集团是中国领先的计算平台与IT（信息技术）应用解决方案供应商，也是中国最大的服务器制造商和服务器解决方案提供商。浪潮已形成服务器和ERP两大主导产业和计算机、软件、移动通信、智能终端、半导体等产业群组，用户遍及中国金融、通信、政府、教育、制造业、烟草等行业和部门，是科技部首批认定的创新型企业。集团拥有IT领域唯一设在企业的国家重点实验室——浪潮高效能服务器和存储技术国家重点实验室，以及亚太地区最大最先进的柔性服务器生产线和研究中心，拥有首批认证的国家级企业技术中心、国家级企业博士后工作站，是首批国家规划布局内的重点软件企业。浪潮ERP、SCM（供应链管理）、CRM（客户关系管理）三个项目全部入选国家863计划。浪潮还在中国香港、日本和美国硅谷设立了技术研发中心。2009年收购全球领先的半导体存储器厂商——德国奇梦达的中国研发中心。这使得浪潮拥有了世界先进的研发设备和包括十几名外籍专家在内的完整团队，跨越式地拥有了国际一流水平的集成电路设计团队和研发创新平台。收购后半年时间，成功推出中国第一片大容量动态随机存储器芯片，结束了中国自20世纪80年代后期以来计算机产品完全依靠进口存储器芯片的历史。公司位居中国电子信息百强IT企业综合实力前两位，中国自主品牌软件厂商第一名。浪潮服务器连续17年居国产服务器品牌市场份额第一位。浪潮存储设备连续10年市场占有率全国第一。

泰山云谷互联网产业园 位于泰安的泰山云谷互联网产业园由中国互联网技术精英俱乐部（iTech Club）理事长、原凤凰网副总裁吴华鹏先生创立，是中国互联网技术联盟倾力打造的互联网主题园区，规划建设泰山云谷华东互联网数据中心、实训基地、孵化基地、产业基地。项目依托云计算中心，将建设成为集互联网数据备份、高科技产业研发、产品孵化、人才培养为一体的互联网产业基地，项目建成后将成为中国最大的数据备份基地和人才培养中心。

机、主动式3D眼镜领域，市场占有率均高居全球第一位；海信平板电视在中国零售市场占有率超过10%，连续十多年成为中国液晶电视销量冠军；中创公司的不停车收费系统（ETC），在中国总里程20%以上的高速公路使用。

2014年，山东的海尔、海信、浪潮、歌尔、润峰电力、鲁鑫贵金属6家企业入围中国电子百强。海尔、浪潮、海信、中创、东方电子5家企业入围中国软件收入前百名，分别列第3位、第5位、第7位、第47位和第61位，以上5家企业软件业务收入、利润、利税分别占山东省软件产业的27.92%、28.66%和28.55%。

山东的信息技术产业创新能力明显增强，产业规模稳步扩大，竞争优势日益提高。信息技术制造业产值规模跻身全国三甲，软件产业规模居全国第四，巩固和提升了山东省信息技术产业大省的地位。

3. 专利

作为衡量技术发展水平和创新能力的重要指标，山东省专利申请量和授权量稳步增长，这标志着山东的自主创新能力逐渐提升，知识产权竞争力不断增强。为鼓励专利权人和发明人（设计人）对技术（设计）创新，2015 年省政府出台了《山东省专利奖励办法》，每两年评选一次，重点奖励对技术创新及经济社会发展具有突出贡献的发明、实用新型和外观设计专利，奖金为 3 万元—50 万元不等。

2014 年，全省国内发明专利申请量和授权量分别为 77298 件和 10538 件，比 2013 年分别增长 14.3% 和 18.2%。发明专利授权量首次突破万件。

2011-2014年全省专利申请量和授权量增长情况

年份	全省专利申请量（件）	全省专利授权量（件）
2014	77289	10538
2013	67642	8913
2012	40381	7453
2011	25623	5856

2014年发明专利授权量排名前五的山东企业

排名	专利权人	发明授权量（件）
1	青岛正大海尔制药有限公司	113
2	莱芜钢铁集团有限公司	106
3	青岛绿曼生物科技工程有限公司	86
4	海尔集团公司	78
5	潍柴动力股份有限公司	69

2014年全省发明专利授权量排名前五的高等院校

排名	专利权人	发明授权量（件）
1	山东大学	516
2	中国石油大学（华东）	190
3	济南大学	174
4	山东理工大学	153
5	中国海洋大学	111

2014年全省发明专利授权量排名前五的科研院所

排名	专利权人	发明授权量（件）
1	中国科学院海洋研究所	68
2	中国水产科学研究院黄海水产研究所	53
3	中国科学院烟台海岸带研究所	41
4	中国科学院青岛生物能源与过程研究所	32
5	山东电力研究院	30

山东文化资源丰厚，地理位置独特，旅游资源丰富。共有783家景区景点，39家省级以上旅游度假区。其中石老人旅游度假区、凤凰岛旅游度假区、海阳旅游度假区3家为国家级旅游度假区。有孔府、孔庙、孔林、泰山、黄河、蓬莱阁、崂山、天下第一泉、沂蒙山、台儿庄古城、刘公岛、烟台南山等世界知名景区景点，还有游乐园、海边高尔夫、葡萄酒庄、滑雪场、曲艺表演、现代歌舞等众多创新产品。泰山国际登山节、潍坊国际风筝节、曲阜国际孔子文化节、青岛国际啤酒节、济南泉水节、烟台国际葡萄酒文化节等对海内外游客具有很强的吸引力，已成为知名国际品牌。

第七章

旅游

- 游在山东
- 食在山东
- 住在山东
- 乐在山东

好客山东标识

山东文化资源丰厚，地理位置独特，旅游资源丰富。共有783家景区景点，39家省级以上旅游度假区。其中石老人旅游度假区、凤凰岛旅游度假区、海阳旅游度假区3家为国家级旅游度假区。有孔府、孔庙、孔林、泰山、黄河、蓬莱阁、崂山、天下第一泉、沂蒙山、台儿庄古城、刘公岛、烟台南山等世界知名景区景点，还有游乐园、海边高尔夫、葡萄酒庄、滑雪场、曲艺表演、现代歌舞等众多创新产品。泰山国际登山节、潍坊国际风筝节、曲阜国际孔子文化节、青岛国际啤酒节、济南泉水节、烟台国际葡萄酒文化节等对海内外游客具有很强的吸引力，已成为知名国际品牌。

山东具有立体化的交通网络，配套设施完善。济南、青岛、烟台、威海4市的国际空港，已开通众多国际航线。济南、青岛等火车站是全国铁路运输的重要中转站，连接京沪高铁、京九铁路、胶济铁路、青烟威荣城际铁路等多条铁路主干道，可达全国大部分大中城市。山东17个城市之间都以高速公路相连，沿途有众多的服务区，为旅客乘坐长途客运或自驾出行提供了良好条件。

山东的传统工艺品、土特产品及文化艺术品数目可观，极具地方特色。大型购物场所、旅游购物商店和旅游休闲购物街区货品丰富。

“好客山东”，是中国最为知名的旅游品牌。

2014年山东游客接待总量突破6亿人次，旅游消费总额6000亿元。

首届烟台国际葡萄酒节盛况

游在山东

山东有绵延3000多千米的海岸线，岛、滩、礁、湾、角形态各异。青岛、烟台、威海、日照、东营等几个城市濒海相连，全真派道教的发源地昆嵛山、闻名遐迩的蓬莱仙境、海上仙岛长岛、被称为“海上仙山第一”的崂山景区等景点、景区星罗棋布，点缀于山东沿海。

位于曲阜的“三孔”——孔庙、孔府、孔林，是“圣人”孔子留下的世界文化遗产。孔庙始建于公元前478年，是历代王朝举行国祭的地方，现为全球历史最为久远、规模最为庞大、建筑最为精美的庙宇，与北京故宫、承德避暑山庄并称中国三大古建筑群。孔庙九进院落，有殿、堂、坛、阁460余间，门坊54座，御碑亭13座。圣迹殿、十三碑亭及大成殿东西两庑（音wǔ）陈列着大量碑碣石刻，存留了大量历代珍品，为中国第二碑林，仅次于西安碑林。孔府，是孔子嫡系长孙历代衍圣公的官衙、住宅。建筑规模随着历代帝王对孔子后代的赐封不断扩大，是“天下第一家”。孔府有楼宇厅堂463间，院落九进，内存大批历史文物，以形制古雅、纹饰精美的青铜礼器“商周十器”

最为著名。孔林，是孔子及其子孙后代的家族墓地。孔林现有坟冢（音zhǒng）10万余座，是世界上延时最久、规模最大的家族墓地。相传孔子去世后，“弟子各以四方奇木来植，故多异树”，现有各类花草树木千余种，古树名木10万余株，墓碑、题记4000余块，石仪、门坊300余座，被称为“自然博物馆”和“孔氏家族的编年史”。

位于邹城的“四孟”——孟庙、孟府、孟林、孟母林，是追怀“亚圣”孟子的朝圣之地。孟庙，又称亚圣庙，为历代祭祀孟子之所。建筑以主体亚圣殿为中心，左右对称式排列，殿宇64间，是国内宋元至明清时期的古建筑代表作品。孟府，又称亚圣府，位于孟庙西侧，是孟氏嫡系后裔居住的宅第，始建于北宋晚期，由七进院落组成，建筑布局严谨。孟林，位于邹城市东北12.5千米处，是孟子及其后裔的墓地，经宋、元、明、清历代扩建增修，是中国现存规模宏大、历史悠久的家族墓地之一。孟母林，是孟子母亲仉（音zhǎng）氏及部分孟氏族人的墓地。整个墓地环山而建，山林合一。

淄博市临淄区，是春秋战国时期的齐国故都。齐国奉行开放、多元、包容的文化政策，开办稷下学宫，荟萃诸子，引领百家争鸣，形

济南章丘百脉泉

孟庙

成独具特色的齐文化。齐长城、齐国故城遗址博物馆、东周殉马坑、临淄古车博物馆、临淄足球博物馆、齐王陵等名胜古迹和纪念地琳琅满目。

大运河山东段，古称鲁运河，今又称“儒风运河”。南起鲁苏交界大王庙闸，北至德州德城区第三店闸。大运河微山湖一段，因地制宜，巧借自然之力贯通南北。微山湖因运河舟帆往来，人气旺盛。台儿庄运河留存大运河唯一的明清古驳岸、13 个明清古码头、体现明清运河沿岸居民生活特色的古村落——纤夫村，被世界旅游组织称为“活着的运河”。沿岸的台儿庄古城水巷纵横，风景独特。地处鲁西的聊城、临清是元明以后数一数二的运河大埠，历史留存众多。《水浒传》和《金瓶梅》两部文学巨著均取材于当地运河城市风情与市民生活。“水浒故里”是《水浒传》的故事发生地，包含梁山、东平、阳谷、郓城四个县，至今仍保留着数目可观的水浒遗迹和古朴淳厚的水浒遗风。

中华民族的母亲河黄河，在山东东营市入海，形成了海河交汇的“黄河入海”奇观。在黄河入海口，早上能看到河口日出，傍晚则能欣赏长河落日。这里的湿地公园是人们回归自然、进行科考、度假、观鸟、猎奇的理想场所。

山东诸城有迄今发现的世界上最高大的巨型鸭嘴龙骨架和 100 多件恐龙化石群。

食在山东

鲁菜，被誉为中国四大菜系之首，已形成以济南菜、胶东菜、孔府菜三大分支为主体的体系。

济南菜的地域范围并不仅限济南，还包括泰安、德州等地。济南菜取料广泛，精于制汤，清汤、奶汤是济南菜的精髓和神韵，制作考究，独具一格。不管是山珍海味，还是瓜果蔬菜，均可制成佳肴美味。清香、脆嫩、味醇是其主要特点，有“一菜一味，百菜不重”之誉。以“清汤燕菜”“奶汤蒲菜”为代表的菜品，不仅在济南家喻户晓，在全国也颇有名气。

胶东菜分布在烟台、青岛、威海、日照等海滨城市，是鲁菜的另一主要流派，向以善烹海鲜闻名。福山菜是胶东菜的源头，主要流传于今烟台福山区一带，因此烟台被称为“烹饪之乡”，历史上更是鲁菜大厨的高产区。胶东海鲜鲜美、面食醇香，像原壳鲍鱼、清蒸梭子蟹、韭黄炒海肠、蓬莱小面等都能满足老饕（音 tāo）们挑剔的味蕾。胶东菜也不限门第，宾馆酒楼、田园乡野均可领略到绝美佳肴。

孔府菜则以烹制河鲜及干鲜珍品见长。遵循孔子家族“食不厌精，脍（音 kuài）不厌细”的遗训，由孔府历代名厨创制而逐渐形成了自成一派的官府菜，成为齐鲁饮食文化中的瑰宝。孔府菜不仅一菜一式、百菜百味，而且菜菜有典故。如“诗礼银杏”“深山全羊汤”“八仙过海闹罗汉”“群龙赶会”“带子上朝”“一巢双凤”“吉祥如意”等，每一个菜名背后都伴有一个美丽的故事和传说。

住在山东

沂山度假村

林海商务宾馆

五星级酒店山东大厦

在山东旅游，住宿选择多种多样。星级饭店、商务宾馆、度假村、农家乐、渔家乐、公寓式酒店、家庭旅馆一应俱全。

山东各地的星级饭店设施完善、舒适整洁。房间价格从 200—2000 元不等，可根据自己的需求自由选择。商务宾馆的价格以亲民见长，每间一般在 100—300 元，游客可以到周边的餐馆选择就餐。山东境内还有类型各异的温泉度假村、农业旅游度假村、海滨旅游度假村、民俗旅游度假村等，提供个性化服务。

农家乐和渔家乐是山东最具特色的住宿选择。农家乐大都聚集在景区周边，渔家乐一般依海而设。厌倦了城市喧嚣的游客，可以在这里吃吃农家饭，睡睡渔家炕，干干农家活，海边撒撒网，感受回归田园的休闲。

乐在山东

山东有多种类别、多种形式、多种档次的文化演出，大舞台、小剧场，实景演出、曲艺杂耍，风格各异，千姿百态。

《中华泰山·封禅大典》是以泰山的自然风光为舞台背景，以秦、汉、唐、宋、清五朝的封禅史实及泰山封禅文化为蓝本而创意的大型实景演出，演绎了气势恢宏、美轮美奂的封禅场景。由国内一流专家、艺术家创作编排的大型舞剧《孔子》，气势恢宏、撼人心魄，人物刻画细腻，给人以听觉、视觉和心灵上的强烈震撼和冲击。由中央电视台和北京奥运会开闭幕式创作班底共同打造的海景演出《蓝色畅想》，包括阳光海滩、海底世界、崂山道士、碧海扬帆、啤酒狂欢5个章节，是青岛的标志性演出。《神游华夏》是世界首个360度旋转行走式大型山水实景演出，是威海华夏城景区的扛鼎之作，深度展现了博大精深的华夏文明。

以济南明湖居为代表的地方曲艺表演极具人气。明湖居是清末以来济南知名度最高的演出场所，刘鹗在《老残游记》中有过精彩描述。每周六晚在明湖居上演的“开心甜沫”剧场由济南市曲艺团倾力打造，既演出鼓曲快板、相声快书等传统曲艺，又穿插搞笑喜剧、麻辣新闻等时尚节目，深受居民喜爱。创立于1943年的济南晨光茶社，是一处专门从事曲艺、相声表演的场所，每周六、周日晚上演纯正的济南相声。被称为“人子戏”“挑影子”的泰山皮影戏十分精彩。已有1700多年历史的古老绝活“十不闲”，人气旺盛。

《粉墨》表演场景

《中华泰山·封禅大典》
演出场景

山东省国家5A级旅游景区、国家级旅游度假区、省级旅游度假区分布图

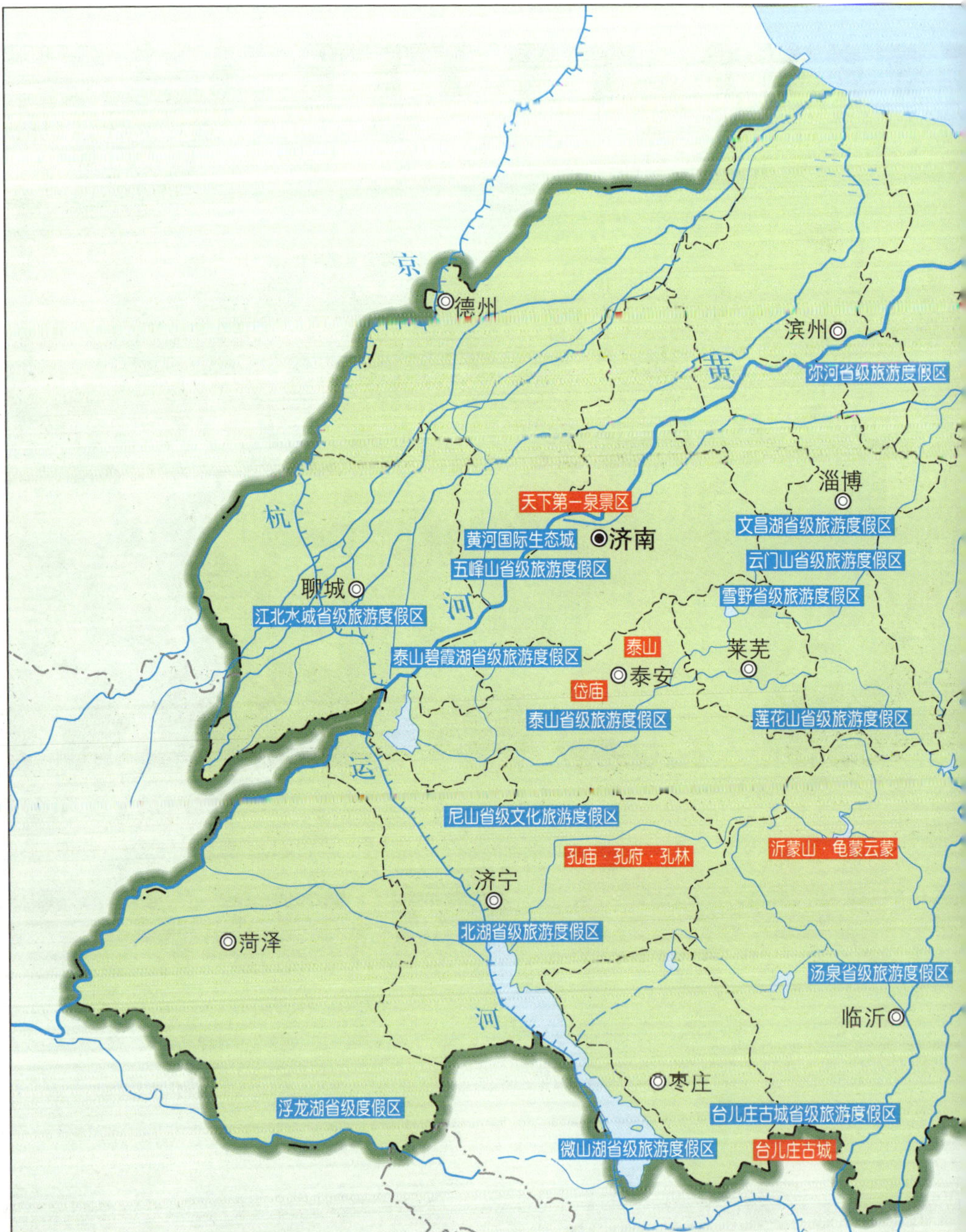

渤　海
黄　海
三仙山·八仙过海景区
蓬莱阁
蓬莱省级旅游度假区
金沙滩省级旅游度假区
南山省级旅游度假区
威海
刘公岛
莱州湾
南山
烟台
环翠省级旅游度假区
莱山省级旅游度假区
滨海生态省级旅游度假区
养马岛省级旅游度假区
好运角省级旅游度假区
欢乐海省级旅游度假区
长春湖省级旅游度假区
石岛湾省级旅游度假区
银滩省级旅游度假区
潍坊
海阳国家级旅游度假区
丁字湾滨海省级旅游度假区
阳山省级旅游度假区
田横岛省级旅游度假区
青云国际省级旅游度假区
少海国际省级旅游度假区
青岛
石老人国家级旅游度假区
沂蒙山·沂山
崂山
凤凰岛国家级旅游度假区
龙文化省级旅游度假区
灵山湾省级旅游度假区
五莲山省级旅游度假区
琅琊台省级旅游度假区
黄　海
山海天省级旅游度假区
日照
国家5A级旅游景区
国家级旅游度假区
省级旅游度假区

山东省国家4A级旅游景区分布图

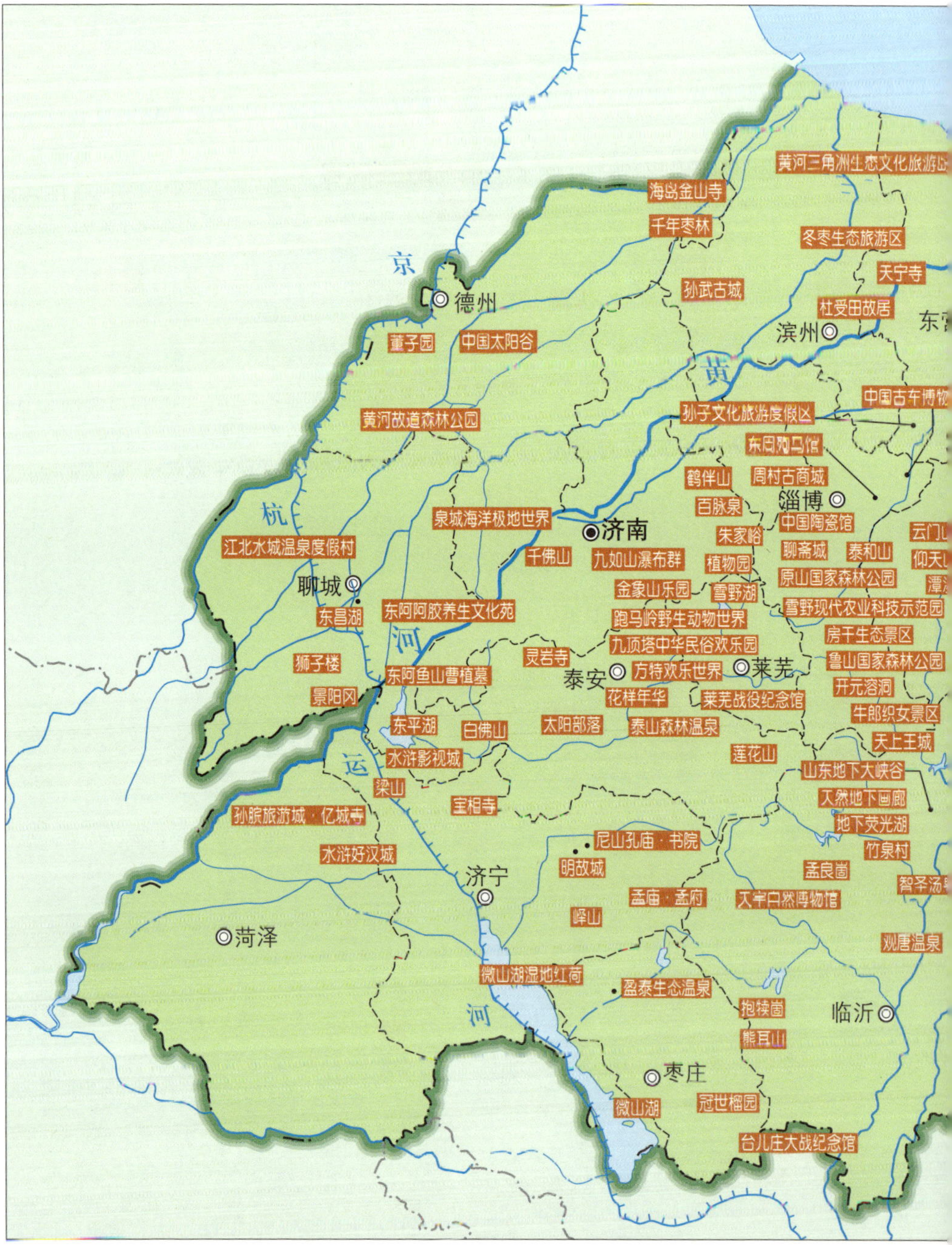

渤　海
黄　海
黄　海
莱州湾
长岛
黄河口生态旅游区
蓬莱海洋极地世界
中粮君顶酒庄
磁山温泉小镇
金沙滩
张裕国际葡萄酒城
张裕酒文化博物馆
环翠楼
威海
成山头
烟台
罗山黄金文化旅游区
艾山温泉
牟氏庄园
烟台山
养马岛
华夏城
仙姑顶
昆嵛山
汤伯温泉
天沐温泉
林海生态博览园
观光园
茶山
招虎山
银滩
赤山
大乳山
杨家埠
潍坊
宝石城
金泉寺
天泰温泉
青云山民俗游乐园
世界园艺博览园
奥帆中心
景芝酒之城
华东百利酒庄
青岛
极地海洋世界
天幕城
海滨风景区
石老人观光园
恐龙博物馆
珠山国家森林公园
金沙滩
银海国际游艇俱乐部
啤酒博物馆
山彩虹谷
恐龙文化旅游区
海底世界
大珠山
灵山湾
五莲山
海国际温泉度假村
葡萄酒博物馆
琅琊台
浮来山
海滨国家森林公园
万平口
日照
天马岛
刘家湾赶海园
国家4A级旅游景区

中 国 概 况 · 山 东

山东省各级政府在财政支出上以民生优先为导向，完善民生支出保障机制，推进基本公共服务均等化，将新增财力更多用于公共服务和改善民生，让发展成果惠及民众，保障社会公平正义与和谐进步。

第八章

公共服务与民生

- 民生保障
- 就业
- 医疗卫生
- 文化服务
- 体育

民生保障

新型农村合作医疗保险办理

山东省各级政府在财政支出上以民生优先为导向，完善民生支出保障机制，推进基本公共服务均等化，将新增财力更多用于公共服务和改善民生，让发展成果惠及民众，保障社会公平正义与和谐进步。随着经济社会发展和政府财政能力增强，山东省的基本民生保障水平持续提高，形成立体化网络化保障体制机制，公共服务水平和生活困难人员基本生活持续改善。2014 年全省一般公共预算用于民生的支出为 5536 亿元，占一般公共预算的比例为 77.1%。

候鸟式养老机构烟台老年福利中心

1. 社会救助

最低生活保障 对共同生活的家庭成员人均收入低于当地最低生活保障标准，且符合当地最低生活保障家庭财产状况规定的家庭，政府给予差额补助，保障其基本生活。当共同生活的家庭成员人均收入超出当地最低生活保障标准时，不再给予补助。

截至2014年底，全省有最低生活保障对象302.8万人，约占总人口的3.2%，其中城市258.2万人、农村44.6万人；城市和农村最低生活保障平均标准分别为每人每月452元和每人每年2990元，分别占城乡居民人均消费支出的32%和40%。

特困人员供养 对无劳动能力、无生活来源且无法定赡养、抚养、扶养义务人，或者其法定赡养、抚养、扶养义务人无赡养、抚养能力的老年人、残疾人以及未满16周岁的未成年人，政府在吃、穿、住、衣、葬等方面给予生活照顾和物质帮助。

截至2014年底，山东省有特困供养人员23.72万人，其中城市“三无”人员1.12万人，农村五保对象22.6万人。对城市“三无”人员，分散供养的按照不低于当地城市居民最低生活保障标准的150%实行分类施保，集中供养的由福利机构提供生活照料。农村五保集中和分散供养标准由各地政府确定，省财政按每人每年500元标准给予补助。

医疗救助 对城乡低保人员和其他困难居民，政府和社会给予医疗费用补助和诊疗优惠，同时对其参加居民基本医疗保险给予资助，保障其获得基本医疗卫生服务。

2014年，山东省累计支出医疗救助资金9.4亿元，资助、救助困难群众317万人次，人均住院救助2803元，重点救助对象政策范围内住院自付医疗费用救助比例达到60%以上，救助对象出院时可以直接结算减免。102个县（市、区）对重特大疾病进行医疗救助，救助患者3.9万人次，人均救助4747元。

临时救助 对因火灾、交通事故等意外事件，家庭成员突发重大疾病等原因，导致基本生活暂时出现严重困难的家庭，或者因生活必需支出突然增加超出家庭承受能力，导致基本生活暂时出现严重困难的最低生活保障家庭，以及遭遇其他特殊困难的家庭，政府给予临时救助，帮助解决突发性、紧迫性、临时性生活困难。

2014 年，山东省共支出临时救助资金 5.17 亿元，救助 61.1 万人次。同时，各地对最低生活保障等困难家庭，在用电、取暖等方面给予优惠或补助；对低保家庭大学本科新生，给予每人 4000 元以上入学救助。

东营市河口区社会救助服务中心

龙口市老年公寓

老年人休闲生活

2. 社会福利

养老服务 截至2014年底，山东省60岁以上老年人达1800万，占全省人口总数的18.6%，人口老龄化趋势比较明显。省政府在健全养老服务体系、完善养老服务设施、推进医养结合、加强专业人才队伍建设、推进政府购买养老服务、健全养老服务扶持政策、培育养老服务市场主体等方面出台了一系列政策措施。对条件困难老年人，政府给予托底养老保障，发放80周岁以上低保老年人高龄津贴、生活长期不能自理经济困难老年人护理补贴和困难老年人养老服务补贴等。生活困难的孤寡、失能、高龄等老年人还可以入住政府建设的社会福利院、敬老院等保障性福利机构。不具备居家养老条件的老年人，可以到养老机构养老，政府对各类养老机构给予建设和运营补助。社会老年人主要依靠家庭养老，多数城市社区设有日间照料中心，提供日间生活照料、康复护理、精神慰藉、心理咨询、紧急救援等服务，一些农村建有农村幸福院，提供就餐、生活照顾、日间休息、休闲娱乐等服务。

截至2014年底，全省有各类养老床位52万张，每千名老年人拥有床位29张；建有城市社区日间照料中心2500余家、农村幸福院5500余家，为城乡老年人提供基本养老服务。全省规划省级养老服务中心1处，17个市均建设了1处社会福利院，建设多功能县级社会福利中心112处。2020年，将在全省全面建成以居家为基础、社区为依托、机构为支撑，功能完善、规模适度、覆盖城乡的养老服务体系。

济南市儿童福利院

困境儿童保障 对于孤儿，政府主要按照有利于孤儿身心健康成长的原则，通过亲属扶养、机构养育、家庭寄养、依法收养等方式安置。

政府保障孤儿基本生活，为集中供养和社会散居孤儿每人每月分别发放不低于1200元、720元基本生活费，同时将孤儿教育、医疗、就业、住房等纳入保障体系，保障孤儿基本权益。山东省17市均建有1处具有养育、康复、特殊教育等功能的儿童福利院。对父母双方重残、服刑及受艾滋病影响儿童，政府保障其按社会散居孤儿基本生活费标准享受待遇；对在出生、发育和成长过程中遇到特殊困难境遇或失去父母照顾的未满18周岁儿童，政府按每人每月不少于300元标准发放基本生活费。政府还经常实施福利机构残疾孤儿手术康复明天计划、低保家庭先天性心脏病儿童免费手术、齐鲁福彩助残等活动，帮助困难残疾儿童手术康复及配备矫形器。

截至2014年底，全省有孤儿1.76万人，其中在儿童福利院集中养育的有0.34万人，社会散居的有1.42万人。其他享受困境儿童基本生活待遇的有1.1万人。

济南市儿童福利院的孩子们

3. 减灾救灾

山东是自然灾害多发省份，干旱、洪涝、风雹、台风、低温冷冻、病虫害等各类自然灾害每年都有发生。省、市、县、乡各级建立健全了救灾工作机制和应急预案体系。发生灾情后，根据实际情况启动应急预案，12 小时内基本救助措施能够及时到位，受灾群众有饭吃、有衣穿、有干净水喝，有病能医。根据实际需要，政府适时为受灾群众发放自然灾害生活补助。

截至 2014 年底，全省建成救灾物资储备仓库 123 个，储备各类救灾物资折款共计 1.01 亿元，年均救助灾民约 300 万人次。各级政府通过广泛开展防灾减灾宣传教育，举行社区综合减灾观摩和应急演练，增强公众防灾减灾意识和避灾自救能力，提高基层社区抵御灾害风险的能力和水平。

济南市槐荫区青年公园社区组织儿童火灾逃生演练

潍坊市救灾物资储备库

4. 社会保险

为使职工和居民因年老、疾病、工伤、生育、失业等造成生活困难时能从国家和社会获得帮助，山东全省城乡建立了完善的社会保障制度。

城镇职工基本养老保险 城镇职工基本养老保险是职工在年老丧失劳动能力时从国家和社会得到帮助、保障其基本生活的制度。山东省全面建立了企业职工和机关事业单位工作人员养老保险制度，实行统一的社会统筹和建立职工个人账户相结合的办法。全省参保人员平均缴费率（占职工工资总额的比例）为25.1%，其中单位缴费率17.1%，个人缴费率8%。2014年城镇职工基本养老保险参保总人数2370.2万，退休人员月人均领取养老金2271.2元。

城镇职工基本医疗保险 城镇职工基本医疗保险是中国社会保障制度的重要组成部分，其功能是保证职工在生病时得到及时有效治疗。山东省实行强制性的职工基本医疗保险制度，单位和个人按照职工工资总额的一定比例缴纳保险费。全省政策范围内参保人员住院费用报销比例在75%以上。

城乡居民养老保险 山东实行城乡居民普遍参保制度。参加人员范围为山东省行政区域内年龄在16周岁以上的居民（在校学生除外）。全省居民基本养老保险参保人数4493.1万，待遇领取人数1346.4万，参保率95%以上，待遇按时足额发放率100%。2014年基础养老金月最低标准75元，保证基本温饱。

城乡居民医疗保险 山东实行全省城乡一体的居民医疗保险制度。符合条件的居民实现医疗保险全覆盖。山东在全国率先实行城乡一体、全省统筹的居民大病再保险。该项费用无须参保人员个人负担，参保人员在生病医疗按照有关规定报销部分费用后，超过部分按规定比例再

政府农业补贴增加农民收入

保险理赔仪式

由商业保险公司支付，避免了居民因病致贫、因病返贫。

生育保险 生育保险是女职工在因生育子女而导致劳动力暂时中断时，由国家和社会给予物质帮助的社会保险制度。生育保险费由企业按不超过用人单位职工工资总额1%的比例缴纳，职工个人不缴纳生育保险费。

工伤保险 山东工伤保险基金实行市级统筹。2014年工伤人员伤残津贴、生活护理费和供养亲属抚恤金标准为2244元、1435元和[illegible]元。

失业保险 失业保险是指劳动者在非本人原因终止劳动而暂时中断生活来源时，由社会向劳动者提供物质帮助的社会保险制度。政府通过失业保险基金，按照国家规定的项目和标准向失业者提供失业保险金和提供培训帮助。失业保险费由用人单位按照本单位职工工资总额的2%标准缴纳，职工按照本人工资的1%标准缴纳。

就业

高校毕业季招聘会

就业供需见面会

山东省一直把扩大就业作为改善民生的头等大事，通过市场调节、政策扶持、素质提升和就业服务，鼓励用人单位吸纳劳动者就业，鼓励劳动者多渠道、多形式实现就业和自主创业，扩大城乡就业规模。

山东就业结构持续改善，就业质量持续提高。自 2004 年以来，已连续 11 年城镇新增就业和农村劳动力转移就业超过百万。城镇登记失业率低于 4%。

1. 就业渠道

全省城镇就业人员中，在有限责任公司、股份有限公司、个体私营企业就业的人数占 68.11%，是就业的主渠道。政府支持和扶持服务业吸纳各类人员就业，改善经营环境，鼓励和支持大众创业、万众创新。创业成为就业增长的新引擎。山东省组织创业人数年增 12%，创业带动就业人数年递增 15% 以上。2014 年全省新增创业人员 46.8 万，直接带动就业 118.6 万人。机关事业单位、国有企业新进人员实行公开招聘。

全省高校毕业生总体就业率多年为在 85% 以上。2014 年为 91.47%。

山东省政府结合重点区域发展战略和新型城镇化政策，组织农村富余劳动力就近就地就业、转移就业，转移就业率 60% 以上。各级政府建立和健全长效帮扶机制，为城乡就业困难群体上门提供“一对一”就业援助，承诺不挑不拣两个工作日内实现就业，确保城乡零就业家庭随出现、随安置。

2. 就业结构

30年来，山东农业、制造业、服务业3个产业就业人员结构变化明显，务农人员下降，制造业、服务业就业人员上升，3个产业就业人数比例分别由1980年的78.8∶12.3∶8.9变化为2013年的31.7∶34.5∶33.8。从城乡结构看，2013年全省6580.4万名就业人员中，城镇就业人员3153万人，乡村就业人员3427.4万人，分别占就业总人数的48%和52%。从行业结构看，农林牧渔业就业人员最多，为2086万人，占就业总人数的32%；其次为制造业，为1410.1万人，占21%；再次为建筑业、批发和零售业，分别为749.9万人和701.2万人，占11.4%和10.7%。

2014年，全省服务业新增就业人员同比增长16.1%，比制造业高8.6个百分点，服务业成为新增就业的主渠道。

济南留学人员创业园济南药谷研发平台区

乡村保安经培训后上岗

3. 就业促进

山东省政府实施积极的就业促进政策。围绕企业吸纳劳动者就业、劳动者自主创业、职业技能培训和就业服务，省政府出台了一系列扶持政策，逐步建立起城乡统一、普惠共享的就业制度，为各类劳动者平等提供职业介绍、就业指导、职业培训等公共服务。各级政府每年安排一定数量的就业专项资金和创业带动就业扶持资金，用于促进就业创业。

政府为各类创业人员和小微企业分别提供最高额度10万元和300万元的小额担保贷款，对首次成功创业的小微企业给予不低于1万元的一次性创业补贴，对吸纳就业人员达到一定比例的单位给予每个岗位2000元的创业岗位开发补贴。山东省在全国率先建成6家创业大学，整合优势资源，对各类创业群体培训实训，有各类创业孵化基地528个，创业园266家。基地和创业园为入驻创业者和小企业从项目推介到成功创业提供全过程跟踪服务，落实房租和水电费减免等扶持政策。

山东省对特殊行业实行职业资格证书制度，逐步实现与国家安全、公共安全和公民人身财产安全有关的技术工种持证上岗和就业准入。鼓励发展职业教育和技工教育，未进入普通高中、普通高等院校就学的城乡应届初高中毕业生都能接受职业教育。实行面向全体劳动者的职业培训制度，通过政府招标形式认定1300多家定点培训机构。全面推行“企业订单，劳动者选单，培训机构列单，政府买单”的培训模式。在就业技能、岗位技能提升和创业培训方面，每年至少就业创业培训人员120万人，确保无技能的劳动者掌握一门就业技能。劳动者就业技能有较大提升。实施职业培训补贴制度，政府按照每人最高1800元的标准，对参加培训的劳动者进行补贴。

山东省市、县（市、区）两级全部建立了人力资源市场，所有街道（乡镇）、社区和80%以上的行政村建立了公共就业服务平台，基本形成了覆盖城乡的省、市、县（市、区）、街道（乡镇）、社区（村）5级公共就业服务体系，初步形成以2000米为半径，以半小时为时限的“山东半小时公共就业服务圈”。建设了全省统一的公共就业服务信息系统，打造数字就业社区，推动公共就业服务向基层延伸。全省各级政府全部建设了公共就业服务网站和高校毕业生就业信息网，在全国率先建立离校未就业毕业生实名制登记服务系统和毕业生就业服务微信平台。

医疗卫生

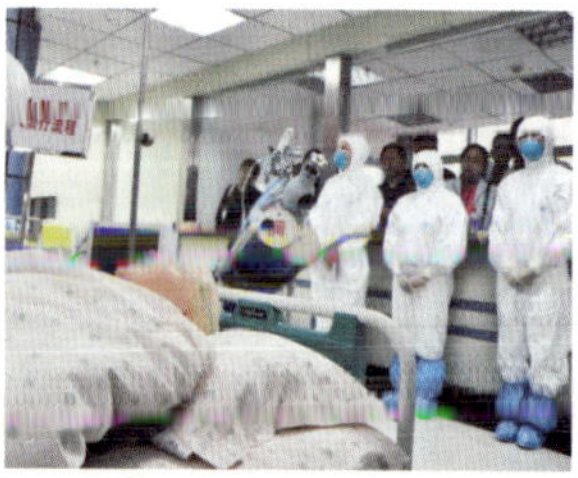

甲型 H1N1 流感防控救治演练

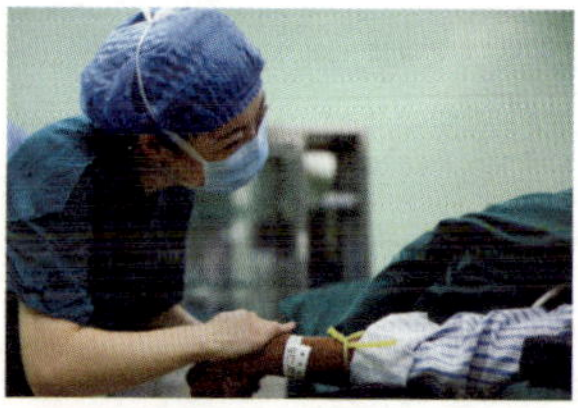

医疗护理

山东的主要健康指标居全国前列。全省人均期望寿命超过 77 岁，婴儿死亡率、5 岁以下儿童死亡率和孕产妇死亡率分别为 5.30‰、6.48‰和 14.63/10 万。

1. 疾病预防控制

山东建立传染病疫情定期会商与研判制度，定期发布疫情通报和公众防病信息，重点地区及时督导。

在免疫规划和艾滋病、结核病、麻风、性病防控，其他重点传染病防控，慢性病综合防控，精神卫生及地方病、寄生虫病防治等领域，山东建立了完备的预防机制和控制制度。疫情总体平稳，处于全国较低水平。

2. 医疗救治

除省会城市的省立医院、千佛山医院，山东省 17 市均建有市级综合性医院、中医医院、妇幼保健院；各县（市、区）均建有人民医院、中医医院、妇幼保健院等；各乡镇建有综合的乡镇卫生院；各行政村设立卫生室。各医学院均设立了附属医院，部分开设了专业医院；民营医院、外资医院数量增长较快。全省形成了较完备的医疗卫生网络，基本满足居民的就医需求。

山东省千人口平均床位数、医师数、护士数分别为 5.1 张、2.28 人和 2.48 人，提前完成国家“十二五”规划要求。

山东有各类医疗卫生机构 7.55 万个，床位 48.97 万张。有执业（助理）医师 22.3 万人，注册护士 24.3 万人。

普及卫生知识

济南市天桥区北村社区卫生服务中心连续7年免费为环卫工人查体

3. 基本公共卫生服务

为方便居民看病，山东省在城市社区每个街道办事处或3万—10万人居住区设置1所社区卫生服务机构，初步形成15分钟居民健康服务圈。有关医疗机构为全省近8000万名居民建立了电子健康档案，对0—6岁儿童、孕产妇、65岁及以上老年人、慢性病患者等重点人群进行数字化健康管理。

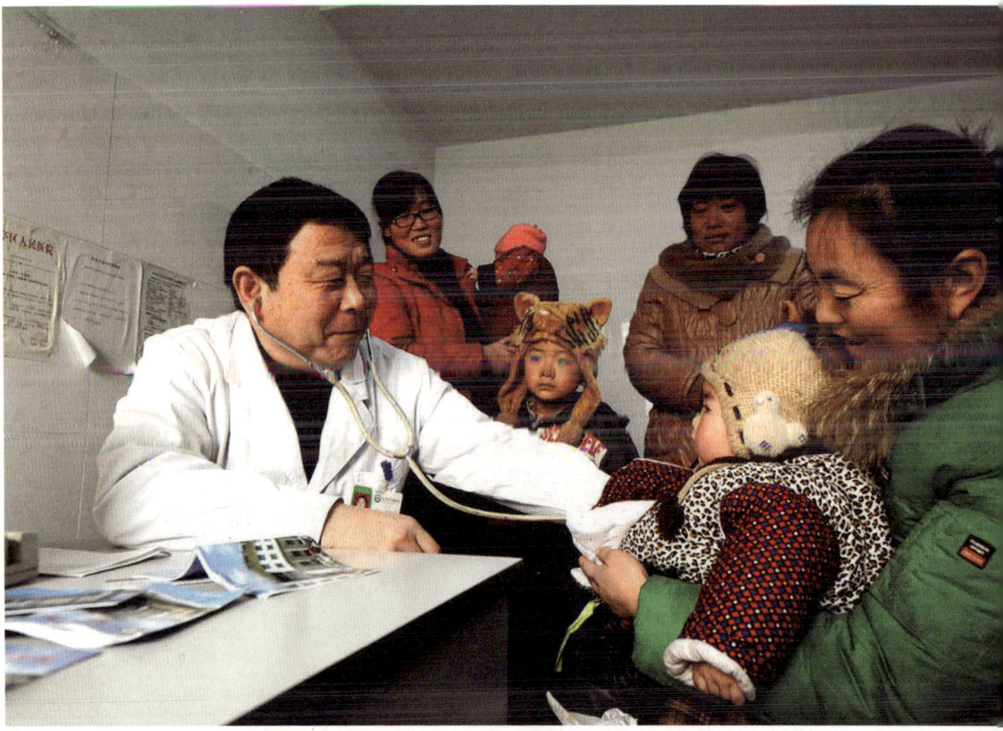

幼儿查体

4.妇幼健康

山东卫生系统对孕产妇系统管理率为 90.75%，3 岁以下儿童系统管理率、7 岁以下儿童健康管理率分别为 91.76% 和 91.40%。住院分娩产妇艾滋病病毒检测率 99.17%，孕产妇梅毒检测率 99.49%，孕产妇乙肝表面抗原检测率 99.39%，乙肝表面抗原阳性孕产妇所生新生儿注射乙肝免疫球蛋白的比率为 99.92%。

多年来，全省孕产妇死亡率、婴儿死亡率和 5 岁以下儿童死亡率持续下降，提前实现了联合国千年发展目标和国家妇女儿童发展纲要的要求。

5. 中医

中医是中华传统医学的瑰宝，在山东有4000年以上的历史。中医依据中国古代哲学，从宏观上对人体健康状况及疾病进行辨证诊疗和施治。山东的中医院遍布各县（市、区），各个综合性医院和乡镇卫生院都设有中医科。

全省有中医类医疗机构187家，床位4.9万张，卫生技术人员5.1万人，执业（助理）医师19945人。95.1%的社区卫生服务中心、94.6%的乡镇卫生院、73.2%的社区卫生服务站和65.2%的村卫生室都能够提供中医药服务。

相关链接

世界领先的麻风致病基因研究 麻风病是古老的、由麻风杆菌感染引起的慢性接触性传染病。现在世界上有1000万—1500万麻风病人。麻风主要侵犯人体皮肤和神经，不及时医治可引起皮肤、神经、四肢和眼睛的永久性损害，导致畸残。麻风的另一危害是治疗过程中发生的危及生命的严重不良反应，死亡率高达11%—13%。这种疾病在国际上一直缺乏有效的防治手段。山东省皮肤病性病防治研究所张福仁研究团队收集数万份麻风组织和血液标本，完成了世界上首个麻风病的全基因组关联分析，首次发现了麻风病的7个易感基因，取得了国际上第一个麻风病全基因组关联分析研究成果，后续通过扩大生物学样本，共发现了16个麻风易感基因，在全国率先开展了麻风早期发现实验，在山东省20个重点县开展的密切接触者筛查中，诊断7例病人，将预防提早到亚临床感染阶段。此外，在国际上首次采用全基因组关联技术（GWAS）和目标区域测序技术，成功定位氨苯砜综合征的风险位点，取得了具有世界领先水平的重大原创性成果。《新英格兰医学杂志》等刊物发表了上述研究成果。这些成果填补了国际空白，是中国科学家在发现复杂疾病易感基因方面取得的重大突破，标志着中国在该领域的研究处于世界领先水平。

文化服务

山东省会文化艺术中心外景

山东博物馆大厅

1. 公共文化设施及服务

山东省公共文化设施较为健全，公共文化服务硬件居全国领先水平。省会济南市建有省级图书馆、文化馆、博物馆、美术馆、科技馆等公共文化场馆。每一个地级城市均建有图书馆、文化馆、博物馆；每一个县级城市均建有图书馆、文化馆，也有剧院、电影院等演出场馆；每个乡镇（街道）均建有综合性文化中心。无论城市社区还是农村社区，均建有社区文化中心、文化活动广场，农村还建有农家书屋，居民在任何一个居所只需要10—15分钟时间，就能到达一处公共文化服务场所。

山东省各级公共图书馆、美术馆、文化馆（站）、博物馆、科技馆免费向社会开放。场馆经常组织开展主题活动，如经典诵读、美术展、文物展、群众合唱等。一些场馆还根据群众需要，提供差异化、个性化服务。居民还在公共场所自发开展广场舞、扭秧歌等文化活动。

2014年，全省公共文化场馆接待3100万人次。全省各级组织开展各类群众文化活动5万多场次，惠及人口2000多万。

2. 广播电视电影服务

山东省实现广播电视村村通，全省各地可通过无线、卫星、有线方式收看5套以上电视节目，其中有线用户可以收看40—180套电视节目。多家广播电视台开设网络广播电视台和手机客户端，可通过互联网实时收听收看广播电视节目。

相关链接

农家书屋 农家书屋工程是国家五大文化惠民工程之一。为解决农民“借书难、看书难”的问题，引导农民群众多读书、读好书，丰富和活跃农村文化生活，提高农民的科学文化素质，引导农民群众用知识改变自己的命运，促进农村经济社会全面发展，山东省由各级政府出资，在每个行政村及部分自然村建立了农家书屋。每个农家书屋都配备了符合农民需要的出版物，涵盖政经、科技、文化、生活、少儿及其他共6类图书和社科、科技、教育、少儿4类音像制品电子出版物，还配备了适宜农民阅读的报纸期刊。书屋利用农闲季节和节假日，开展读书征文，评选“书香农家”“书香之村”等活动。至2015年底，中央、省及各级政府在山东累计投入资金16.32亿元，建成并补充更新农家书屋7.2万余家。

以农家书屋为主题的文艺演出

（1）广播 山东广播综合人口覆盖率为98.71%，各级广播节目共有158套，其中省级广播8套，偏远山区均可收听3套以上广播节目，城区可收听20套以上节目。节目资源丰富，能满足不同听众需要，除新闻综合频道，还设有经济、生活、交通、音乐等频道。

（2）电视 山东电视综合人口覆盖率为98.48%，各级电视台播出电视节目188套，其中省级电视节目10套。政府出资，对无线发射台进行建设改造，增加发射频道。有线电视用户数量近2000万，覆盖了全省70%以上的人口。泰山电视台依托长城（亚洲）平台，已覆盖北美、大洋洲、欧洲以及韩国、越南、缅甸等亚洲国家。

（3）电影 在县级以上城市，电影放映以市场放映为主，实现城市数字影院全覆盖，为观众提供了便捷舒心的观影条件。在农村，公益电影放映全部由政府出资，每月为每个行政村放映一场公益电影。政府出资每年向欠发达地区、革命老区群众，以及残疾人、困难家庭和农民工赠送数字电影优惠卡。2014年在城市社区共放映公益电影6.16万场，观影人数达1644万人。

特色健身

体育

山东人自古以来爱好体育，山东体育文化在中国体育史上占有重要地位。蹴鞠、武术、棋类、射箭、马球、摔跤、划船、拔河、秋千、风筝等体育活动在山东有悠久历史。淄博是世界足球运动发源地。潍坊是世界风筝发源地。

1. 群众体育

（1）健身场所 山东省有大型体育场馆100多座，各市都规划和完善了市级体育中心，这些场馆全部对市民开放。此外还有遍布城镇的公共健身场地和健身设施，群众在家门口就能找到合适的健身场所。全省各地都有经营性健身俱乐部及各类游泳馆、羽毛球馆、网球馆、乒乓球馆等。此外还有较为知名的青岛奥帆中心、风河伟业龙舟基地、烟台养马岛赛马场、晟森海上旅游、海阳和长岛海钓基地、日照大青山太极拳培训基地、菏泽水浒好汉城、泰安徂徕山滑雪场等体育休闲景区。

（2）健身方式 山东省有省、市级单项体育运动协会和俱乐部800多个，遍布全省的注册健身气功活动站点3700多个，体育活动站、晨晚练点10多万个。群众自发组织的车友会、驴友会、牌友会等民间组织，定期进行健身活动。政府为倡导健身，常年组织全民健身运动会和各层次、各行业的运动会。有条件的企业都有专门的健身设施和场地，并组织赛事。山东还有常规性的“百县篮球、千乡乒乓球、万人中国象棋赛”、山东省大学生体育联赛和山东省中小学生体育联赛等赛事。

（3）健身指导 山东省17市均设立国民体质监测中心，传播健身知识，提出运动指导建议，为群众进行体质测定。全省共有各类社会体育指导员16万人，遍布城市社区、广大农村及健身站点，传授健身方法，提供全民健身指导服务。

2. 竞技体育

山东省竞技体育在全国占有重要地位。在新中国成立以来举行的12届全国运动会中，山东成绩稳步提升，其中第十一、十二届全运会，山东获得金牌和奖牌总数均列全国第一位。山东共有13名运动员获得18枚奥运金牌，并有近百名运动员获得其他世界大赛冠军。

山东省在海内外较为知名的体育俱乐部有山东鲁能泰山足球俱乐部、山东高速男篮俱乐部、青岛双星男篮俱乐部、齐鲁晚报围棋队、鲁能乒乓球俱乐部。

山东每年定期举办的国际性竞技类体育赛事

比赛名称	时间	承办单位	联系方式
东营国际马拉松赛	4月	东营市体育局	0546-8928001
潍坊国际风筝节	4月	潍坊市体育局	0536-6107391
烟台国际武术节	8月	烟台市体育局	0535-6613429
青岛国际帆船周	8月	青岛市体育局	0532-8197707
泰山国际登山节	9月	泰安市体育局	0538-6289300
莱芜国际航空节	9月	莱芜市体育局	0634-6210541
烟台南山中国高尔夫大师赛	9月	烟台市体育局	0535-6613429
威海国际铁人三项赛	9月	威海市体育局	0631-5802705

青岛国际帆船比赛

TUR
ESP
NOR
ITA
POL
HKG
KLEPACKA
237
OMEGA
01
100

3. 体育装备制造

山东体育装备制造业全国独步。泰山体育产业集团的竞技器材销售份额已占到国内市场的90%，是全球最大的综合性体育器材制造商和亚洲最大的人工草坪生产基地。青岛英派斯健康科技有限公司是国内最具规模的健康产业集团。威海光威集团是全球最大的渔具生产企业。中大、英吉多、大胡子、宝德龙、迈宝赫、英克莱等均是体育装备制造业知名品牌。

4. 民间体育

具有鲜明民族风格和地方特色的民间传统体育，是民间重要的健身、娱乐方式。拔河、踢毽子、抖空竹、龙舟、健身气功等遍布山东省各地。具有显著地方特色的潍坊风筝、东阿杂技、临淄蹴鞠、莒县转秋千、菏泽斗羊、宁阳斗蟋蟀、成武斗鸡等具有较高知名度。

相关链接

泰山体育产业集团 1978年6月创建于乐陵市的泰山体育产业集团，是中国体育产业第一品牌，国际知名。现已成为集研发、生产、销售、服务于一体的综合性、专业化体育产业集团，下辖泰山体育器材有限公司等10多个子公司和北美分公司等数个国内外分公司。品牌价值达133亿元，连续多年服务奥运会、亚运会、全运会等大型赛事。

青岛英派斯健康科技有限公司 青岛英派斯创建于1991年，是全国出口量最大的健身器材出口商，构筑了从健身器材的设计研发、生产销售，到连锁健身俱乐部经营、健身培训提供和健康管理服务的全产业链模式，产品畅销200多个国家和地区，行销体系和售后服务体系涵盖全球。在中国知识产权竞争力100强评选中名列第16位，是中国健身器材行业唯一入选的企业。

相关链接

山东武术 山东作为中华武术主要发源地之一，武术运动源远流长。据统计，发源并广泛流传在山东的拳术有 70 多种，其中螳螂拳、查拳、孙膑拳、弹腿等已有几百年的传承和历史，在国内外广为流传。山东武术对外交流对中华传统文化的传播发挥了很好作用。省内多所武术学校组织招收外国学员，每年都有来自世界各地的人们前来山东学习各种传统武术，包括螳螂拳、少林拳、太极拳、形意拳、气功等。莱州中华武校和宋江武校在美国、法国、西班牙、南非、泰国、西非等建设了分校。宋江武校成立了专门艺术团，常年在美国和欧洲等地表演和推广武术。

山东武术

黄河口国际马拉松赛

山东省简称鲁，位于中国东部、黄河下游，北纬34°22.9′—北纬38°24.01′、东经114°47.5′—东经122°42.3′。东与朝鲜半岛、日本群岛隔海相望；北与辽东半岛相对，庙岛群岛纵列其间；西北、西南分别与河北省、河南省交界，南与安徽省、江苏省毗邻。省会是济南。

附录

山东各地

济南趵突泉

济南

济南市，山东省省会。面积8177平方千米。辖10县(市、区)。人口706.7万。

济南市以“泉城”著称。共有十大泉群，其中老城区有趵突泉、黑虎泉、珍珠泉、五龙潭四大泉群，其他为白泉泉群、涌泉泉群、玉河泉泉群、百脉泉泉群、袈裟泉泉群、洪范池泉群。著名的“七十二名泉”分布于济南各县(市)区。济南诞生了许多中国历史上的著名人物，如神医扁鹊、词人李清照、爱国诗人辛弃疾等。历代文人墨客多聚于此，著名诗人李白、杜甫、苏轼、黄庭坚等都曾在济南生活或者游历。

济南聚集了金融类全国总部和区域总部20家，是山东区域银行监管中心，有很强的资金聚集能力。济南是京沪沿线经济发展轴上的重要交通枢纽和物流中心。铁路通往全国各大城市，占全国高速公路总里程1/7的山东高速公路网以这里为枢纽，贯通京沪、京福、青银等高速公路干线。济南国际机场是山东第二大空港，与国内外50多个城市相连，开通了日本、韩国、新加坡以及中国香港、中国台湾等国家和地区航线。济南长途汽车总站是国家一级汽车客运站，也是中国最大的国有公路客运站和客运主枢纽之一，被誉为“中华第一站”。

青岛第一海水浴场

青岛

青岛市地处太平洋西岸、黄海之滨，东与韩国、日本隔海相望。陆地面积11282平方千米，海域面积约12240平方千米，辖6区4市。人口904.62万。

青岛是道教发祥地之一，春秋时期崂山就云集了从事养生修身的方士，战国后期已成为国内知名的“东海仙山”。青岛是中国15个经济中心城市之一，国家战略山东半岛蓝色经济核心区龙头城市；是太平洋西岸重要的国际贸易口岸和海上运输枢纽，中国五大外贸口岸之一。青岛港有70个万吨级以上泊位和中国最大的集装箱泊位，列世界第七大港。青岛空港开通121条定期航线，通航国内61个城市和境外16个城市。青岛有海尔、海信、青岛啤酒、双星、澳柯玛等一大批蜚声中外的企业和品牌，有“中国品牌之都”称号。

青岛有中国海洋大学、中国科学院海洋研究所、国家深海基地等“国字号”科教创新平台，聚集了中国30%的海洋科研机构、50%的海洋高层次科研人才和70%的涉海领域两院院士。中国5次海水养殖产业浪潮均发源于青岛。每年举办国际啤酒节、国际时装周、国际消费电子博览会、国际航海博览会、国际帆船周、国际海洋节等重大国际展会活动。有“帆船之都”之称。

淄博临淄区城貌

淄博

淄博市位于山东省中部。面积5965平方千米，辖5区3县。人口428万。

淄博是齐文化的发祥地。东部临淄区作为“春秋五霸之首、战国七雄之一”的齐国的都城，维系时间800余年，是当时世界最大的城市之一，也是最大的工商业都市，是著名的冶金、制车、制陶、铸造中心，海盐、丝绸商品集散地。文物古迹齐国历史博物馆、东周殉马坑、管仲纪念馆、孔子闻韶处等蜚声中外。诞生于清代的蒲松龄被称为“世界短篇小说之王”。中国历史上第一本手工业专著《考工记》、第一部农业专著《齐民要术》、最早阐述服务业的专著《管子》均诞生于此。临淄被国际足联认定为世界足球运动起源地。

工业有百年以上历史，淄博是全

国石油化工、医药生产基地和建材产区，陶瓷、建材、化工、机电物流中心。淄博陶瓷起源于新石器早期的后李文化，淄博是中国陶瓷发祥地之一。陶瓷产品畅销 80 多个国家和地区。

周村烧饼、博山琉璃、合成骨瓷、鲁青瓷、淄博花灯、周村丝绸、王村醋等地方名优产品常年畅销。高青大米、新城山药、沂源红苹果、荆家韭黄、高青小黑牛、悦庄有机韭菜等土特产品被认证为无公害农产品、有机农产品、国家地理标志产品。“周村烧饼”“强恕堂”“聚乐村”等 9 个品牌被认定为中华老字号。

枣庄台儿庄古城一角

枣庄

枣庄市位于山东省南部，与江苏省交界。面积 4563 平方千米，辖 5 区 1 市。人口 383.1 万。

枣庄诞生了科圣墨子、工匠祖师鲁班、造车鼻祖奚仲、食客三千的齐相孟尝君、成语“毛遂自荐”的毛遂、“凿壁偷光”的匡衡等历史名人。薛城区、滕州市分别是“中国唢呐艺术之乡”和“中国书画艺术之乡”。1938 年台儿庄大战打破了日军不可战胜的神话，台儿庄被誉为“中华民族扬威不屈之地”。重建的被二战炮火毁灭的台儿庄古城，重现了明清时期“商贾迤逦，一河渔火，歌声十里，夜不罢市”的盛景。台儿庄大战纪念馆、铁道游击队纪念园、滕州市烈士陵园、八路军抱犊崮抗日纪念园入选国家级抗战纪念设施遗址名录。

著名景区景点有：“鲁南第一崮”——抱犊崮国家森林公园，全国罕见的岩溶地质地貌——熊耳山国家地质公园，世界最大的石榴园——冠世榴园，生态保存完好的国家级湖泊类湿地——微山湖湿地。枣庄是国家商品粮基地，“马铃薯之乡”。1878 年成立的中兴煤炭公司，是第一家民族股份制企业，发行了中国最早的工业企业股票。支柱产业为煤化工、机械机床、橡胶轮胎、玻璃建材、纺织服装等，新兴产业为新能源、新医药、新材料、节能环保和文化旅游。

东营城区

东营

东营市地处黄河入海口。面积8243平方千米，辖5个县(区)。人口209.91万。

东营海岸线长413千米，滩涂和浅海面积6000平方千米。生物资源多样，鱼虾蟹贝资源丰富。黄河入海口使东营每年新增土地26.6平方千米。全市未利用土地2700多平方千米。黄河入海口是中国暖温带最完整、最广阔、最年轻的湿地生态系统，被誉为“中国最美湿地”，是东北亚内陆和环西太平洋鸟类迁徙的重要中转站、越冬栖息地和繁殖地，是“鸟的天堂”。

广饶县为春秋战国时期齐国腹地，是中国古代大军事家孙武的故里，孙武所著《孙子兵法》被誉为兵家圣典。发源于东营区牛庄镇时家村的吕剧，是山东省地方戏剧的代表剧种。

东营立体交通体系完善，东营港是黄河三角洲区域中心港，胜利机场为区域航空港，多条高速公路接入国家高速公路网，德大铁路、黄大铁路构成当地铁路运输大动脉。有黄河口大闸蟹、黄河口大米等知名品牌，有全国规模最大的海参滩涂养殖区。胜利油田80%的油气地质储量和85%的油气产量集中在东营境内，是闻名中外的石油之城。东营是全国最大的石油装备制造基地。主导产业为石油化工、橡胶轮胎、石油装备制造、电子信息、汽车及零部件、新能源。

烟台芝罘区城貌

烟台

烟台市濒临渤海、黄海，与辽东半岛及日本、韩国、朝鲜相邻。面积13746.5平方千米，辖12个县(市、区)。人口653.41万。

海岸、岛岸线909千米，是“八仙传说”神话诞生地。气候适宜，被称为“人间仙境”。唐朝时，登州是中国四大出海口之一，是中国古代东方海上丝绸之路的重要起点。主要文化遗存为蓬莱阁、昆嵛山、文峰山魏碑石刻、牟氏庄园、芝罘岛、养马岛等。温泉和森林公园星罗棋布，是中外驰名的旅游度假胜地。

近海有捕捞价值的生物达100种以上，盛产海参、对虾、鲍鱼、扇贝等海珍产品。烟台苹果等8个产品是国家地理标志保护产品；莱阳梨等33种产品为国家地理标志产品。黄金储量和产量居全国首位，招远被称为“中国金都”。1987年，国际葡萄·葡萄酒局正式命名烟台为“国际葡萄·葡萄酒城”，烟台是亚洲唯一获此殊荣的城市。一年一度的“烟台国际葡萄酒节”，是全球葡萄酒企业和文化的大会盟。

传统优势产业为机械制造、电子信息、食品加工、黄金、现代化工，新兴产业为新能源与节能环保、新材料、生物技术、高端装备制造、新一代信息技术，形成了汽车、电脑、手机、船舶、葡萄酒、黄金、核电、聚氨酯、新型铝材、特种化纤十大产品集群。

潍坊青州牛角岭

潍坊

潍坊市位于山东中东部。陆地面积16143平方千米，海域面积1400平方千米，辖12个县（市、区）。人口924.72万。

春秋时期政治家晏婴、北魏农学家贾思勰、北宋画家张择端、清代名相刘墉等都诞生于此，范仲淹、欧阳修、苏东坡、郑板桥等曾在潍坊执政理事。潍坊有杨家埠民间艺术、红高粱民艺民俗、青州工艺美术等一批非物质文化遗产产业化生产性保护基地，剪纸、古琴艺术入选联合国教科文组织“人类非物质文化遗产代表作名录”。

潍坊市是世界风筝之都。春秋战国时期，墨子在潍坊鲁山制作了世界上第一只风筝，后来逐渐形成成熟的风筝市场。1984年4月潍坊开始举办一年一度的国际风筝会，到2015年已连续举办32届。1989

年4月1日，国际风筝联合会在潍坊成立，并将总部设在潍坊，创会的理事国和地区共16个，有会员国、地区67个。潍坊书画传统艺术源远流长。明末以后，潍县书画艺术更是异军突起，产生了一大批颇有才华的书画大家，奠定了潍坊书画在中国的重要地位。潍坊有各类画廊2000余家，年交易额200亿元左右。2013年4月，潍坊被中国画学会授予“中国画都”称号。

济宁城区

济宁

济宁市是孔子诞生地和主要活动地。面积11194平方千米，辖11县(市、区)。人口824万。

济宁是轩辕黄帝和至圣孔子、亚圣孟子、复圣颜子、宗圣曾子、述圣子思子5位圣人的故乡，是中国人文景观最集中的地区之一，有全国重点文物保护单位36处，各类文化遗存7000多处，国家级非物质文化遗产18个。有孔庙、孔府、孔林和大运河两处世界文化遗产。

济宁有5个不同风格的文化旅游区：以曲阜、邹城为中心的孔孟文化旅游区，以济宁城区为中心的大运河文化旅游区，以水泊梁山为中心的水浒文化旅游区，以微山湖为中心的生态水乡休闲文化旅游区，以汶上宝相寺为中心的佛教文化旅游区。汶上宝相寺有“第二法门寺”之誉，太子灵踪塔地宫内发现佛祖释迦牟尼真身佛牙、舍利等佛教圣物，震惊中外。

济宁是中国东部少有的资源富集区。已探明矿产70多种，高品位稀土矿储量1300万吨，居全国第二位。淡水资源储量60亿立方米，占全省的六分之一。济宁是中国重要的粮棉油基地、特色农产品基地和名优畜牧品种繁育基地，有曲阜香稻、鱼台“鱼农一号”水稻、金乡金谷小米、嘉祥红皮蒜、白菊花、细毛长山药、金乡白皮蒜、鲁西黄牛、青山羊、泗水裘皮羊等地方特产。

泰安南湖春色

泰安

泰安市位于山东省中部，面积7762平方千米，辖6县（市、区）。人口558.13万。

泰山融自然景观与人文景观于一体，被誉为"五岳独尊""华夏神山"，有"五岳之首""天下第一山"的美誉，是世界自然、文化双遗产，国家5A级风景区。泰安著名旅游景区还有徂徕山国家森林公园、大汶口文化遗址、新泰莲花山国家森林公园、肥城十万亩桃园、宁阳神童山森林公园、东平湖风景区等。1987年开始每年举办的泰山国际登山节，吸引众多海内外游客和登山爱好者。新建成运营的第四代高科技文化主题公园泰山方特欢乐世界、大汶口太阳部落、宝泰隆泰山大裂谷漂流，令人留峦忘返。大型山水实景演出项目——中华泰山封禅大典、刘老根大舞台创新项目，为这座文化古城增添了新魅力。

联合国及世界80多个国家和地区的政府首脑、官员曾访问过泰安。泰安市与136个国家和地区有经贸往来。与日本、韩国、德国等8个国家的9座城市缔结为友好城市，与法国、俄罗斯、奥地利等8个国家的9座城市结为国际友好合作关系城市。泰山与欧洲阿尔卑斯山、日本富士山、韩国汉拿山缔结为国际友好山，与美国加州红杉树国家公园建立友好合作关系。泰安市有关机构与16个国家的51个社团、院校、医院等建立了友好关系。

威海第一海水浴场

威海

威海市地处山东半岛最东端，面积5797平方千米。辖2区2市。人口280.92万。

威海依山傍海，空气质量优良率居山东首位。获联合国"人居奖""中国人居环境奖"。被海内外誉为"最适宜人类居住的城市"。沿海分布着168个岛屿、沙滩和众多温泉。山、海、湾、滩、岛、泉，构成独特的滨海风景。有旅游景区、景点80多处，其中刘公岛为国家5A级旅游景区，成山头、石岛赤山等11处为国家4A级旅游景区。威海是第一批“中国优秀旅游城市”。

威海海岸线长977.8千米，约占山东省的三分之一。盛产对虾、海参、贝类、藻类等300多种海产品。海产品产量居全国地级市首位。威海是中国远洋水产品加工物流基地和中国海洋食品名城。

威海是中国与韩国海上距离最近的城市，是中韩陆海联运业务的首个试点口岸，有3条中韩陆海联运通道。有商港12个，其中国家一类对外开放口岸（作业区）14个，开通了至韩国、日本等国家的15条海上客货运航线。威海机场开通了两条国际航线和12条国内航线。2015年，威海与仁川自由经济区被选定为中韩自贸区地方经济合作示范区，是唯一写进自贸协定的中国城市。威海是中国最大的渔具、轮胎、医用高分子制品、木工机械、地毯生产基地。

日照国际帆船基地

日照

日照位于山东半岛南翼，海岸线168.5千米，南临江苏省连云港市。面积5359平方千米，辖2区2县。人口293.92万。

日照之名取“日出初光先照”之意，拥有“蓝天、碧海、金沙滩”的自然风光，有“东方夏威夷”之称。长64千米的金色沙滩达到国际一流浴场标准。有奥林匹克水上公园，是中国唯一可同时举办所有水运赛事的城市。日照是世界五大太阳文化起源地之一，五莲山、九仙山以“奇秀不减雁荡”闻名，浮来山以“福寿文化”著称。公元前3500年的日照两城镇是当时中国最早的城市。黑陶有5000多年历史，原始陶文被称为中国文字始祖，早于甲骨文1000多年。树龄近4000年的“天下第一银杏树”，被联合国教科文组织称为

"古生物活化石"。西周时期的政治家、军事家姜尚，《文心雕龙》作者刘勰及当代物理学家、诺贝尔奖获得者丁肇中等诸多名士出生于日照。日照还是中国三大农民画乡之一。

另外，日照是中国四大水产品育苗中心之一。绿茶种植面积 150 平方千米，是世界三大"海岸绿茶城市"之一。是国家命名的新亚欧大陆桥东方桥头堡，与 130 多个国家和地区建立了经贸关系。拥有日照港、岚山港两个国家一类对外开放口岸。日照港与全球 100 多个国家和地区通航，居中国大陆沿海港口第 9 位。

莱芜市区

莱芜

莱芜市位于山东省中部，面积 2246 平方千米，辖 2 区。人口 134.53 万。是山东面积最小、人口最少的市。

莱芜是中国国际航空体育节的永久举办地。该节由国际航空运动联合会授权，是国内规格最高、规模最大、项目最全的国际性航空体育节会。雪野旅游区的航空科技体育公园是国家体育总局航空运动基地、大型综合性国际航空俱乐部，拥有国内一流的水陆并行起飞跑道和容纳 5 万人的景观看台。

莱芜是中国最大的 H 型钢、齿轮钢生产基地和山东最大的不锈钢生产基地。钢铁生产加工、机械制造、精细化工、新材料、新能源、食品加工等为传统优势产业。高性能粉末冶金材料年产 15 万吨，居全国第一位。鲁中矿业公司是山东最大的铁矿生产企业。

莱芜是全国著名的粮菜果畜生产基地，山东省特色农产品生产基地。生姜、大蒜、花椒被称为莱芜"三辣"，常年种植面积 250 平方千米，总产量 51 万吨。是"中国生姜之乡""中国花椒之乡""中国黄金桃之乡"。莱芜黑猪、黑鸡、黑山羊和"花耳朵长毛兔"被称为"三黑一花"，是中国畜牧业优良品种，久负盛名。位于北部山区的雪野旅游区，生态良好，环境优美，是以山水生态著名的省级旅游度假区，年接待游客 200 万人次。

临沂滨河

临沂

临沂市位于山东省东南部，南邻江苏省。面积17202平方千米，辖12个县（区）。人口1022.1万。是山东面积最大、人口最多的市。

《孙子兵法》《孙膑兵法》竹简同时出土于临沂城，为“中国20世纪百年百项考古发现”之一。军事家诸葛亮、书圣王羲之、书法家颜真卿、珠算发明家刘洪出生或曾生活于临沂。

临沂农副产品绿色健康，有花生、黄烟、桑蚕、柳编、银杏、金银花、板栗、茶叶8大特色基地。无公害农产品、绿色食品、有机农产品“三品”认证品种900多个，国家地理标志农产品19种。兰陵是全国最大的蔬菜基地之一。白云岩储量全国第一。蒙山被誉为“天然氧吧”和“养生长寿山”，莒南天然卧佛被誉为“世界奇观”，沂水地下大峡谷为“中国地下河漂流第一洞”。银雀山汉墓竹简博物馆、王羲之故居、山东省政府旧址、孟良崮战役纪念馆、平邑天宇自然博物馆等名胜古迹和旅游景点全国有名。

临沂是长江以北最大的物流基地。城区有各类专业批发市场100多处，商品27大类6万多个品种。商品交易辐射全国30多个省、直辖市、自治区，远销20多个国家和地区。物流成本比全国平均低20%—30%。24个国家和地区在临沂商城设立国际贸易办事处，75个市场、60家外商机构、360家外贸企业在临沂从事国际贸易。

德州城区

德州

德州市位于山东省西北部，与河北接壤。面积10356平方千米，辖11个县（市、区）。人口570.51万。

德州是西汉文学家东方朔的诞生地。西汉思想家董仲舒青年时期曾在德州研读儒子13年。德州杂技、德州黑陶、金丝彩贴等海内外知名。苏禄王墓是中国唯一的外国国王墓。有中国太阳谷景区、泉城欧乐堡梦幻世界大型游乐园、董子园风景区等知名景点景区。有被称为“北方落叶果树博物馆”的夏津黄河古道森林公园，种植面积 300 多平方千米的乐陵“中华第一枣林”，中国北方规模最大的佛教寺院——金山寺，全球规模最大的室内海洋馆——泉城海洋极地世界。

德州自古为“九达天衢”“神京门户”，是中国重要的优质粮棉和肉蛋奶、蔬菜、瓜果、花卉生产基地。农副产品深加工、装备制造、绿色化工、纺织服装、新能源与节能环保、生物技术、新材料、电子信息、商贸科技金融、文化旅游为德州“10大产业集群”。是中国唯一粮食生产连续 6 年亩产 1 吨粮、总产过 50 亿公斤的地级市。有丰富的石油、煤炭、天然气、地热、地下水资源。德州是世界上最大的太阳能热水器制造基地，占全国总销量的 10%，有“中国太阳城”之誉。

德州扒鸡有 300 多年历史。“又一村”蒸包是中国首批“中华老字号”。乐陵金丝小枣是中国红枣中最好的品种。保店驴肉是山东省经典汉族名菜之一。

聊城城区

聊城

聊城市位于山东省西部，与河北、河南交界。面积 8715 平方千米，辖 8 县（市、区）。人口 612 万。

聊城城区“城中有水、水中有城、城水一体、交相辉映”。京杭大运河、徒骇河穿城而过，湖水面积 6.3 平方千米，占城市面积的三分之一，是中国北方最大的城市湖泊。

明清时期，聊城是运河九大商埠之一，繁荣 400 余年，史称“漕挽之咽喉，天都之肘腋”“江北一都会”。存文物古迹 400 多处，明代光岳楼、清代山陕会馆、魏晋时期曹植墓、景阳冈龙山文化城遗址、明代临清运河钞关、京杭大运河聊城段等，均是著名文化遗存。中华水上古城、阿胶养生文化苑、水浒文化旅游区、温泉度假基地为精品旅游项目；天沐温泉度假村、阿尔卡迪亚国际温泉大酒店等为温泉休闲度假中心。森林覆盖率 32.4%，是中国特色休闲宜居城市，著名的养生福地。有木版年画、郎庄面塑、柳林花鼓、葫芦雕刻等 11 项国家非物质文化遗产。

聊城交通便捷，京九铁路、邯济铁路、青银高速、济聊高速在此交汇。公路 3 小时可达北京，1 小时可达济南国际机场。全市年可利用水资源 21 亿立方米，占山东省的十分之一，62% 的土地有地热资源。聊城的有机蔬菜、绿色食品出口 40 多个国家和地区。东阿阿胶为具有千年品牌的地方特产。

滨州俯瞰

滨州

滨州市是山东省的北大门。面积 9453 平方千米，辖 7 县（区）。人口 383.96 万。

古代军事家、武圣孙武，宋代著名政治家、文学家范仲淹，汉孝子董永，清代帝师杜受田等历史名人出生或生活在滨州。孙子兵法城、杜受田故居、魏氏庄园、碣石山、鹤伴山、麻大湖等一批历史名胜和自然景观，吸引着海内外游客。有中海风景区、秦皇河公园、新立河公园、新滨公园、滨州市足球公园等一大批市民休闲场所。滨州城区绿化覆盖率 39.58%，绿地率 33.54%，市区人均公园绿地面积 17.73 平方米，是生态低碳、河海相拥、宜居宜业的黄河三角洲中心名城。

滨州交通便捷，是连接山东、北京、天津的重要通道。制造业中，家纺服装、新型生态化工、先进装备制造业、绿色食品深加工为滨州的 4 大支柱产业，新材料、新能源、生物医药、电子信息、节能环保、海洋开发 6 大新兴产业集群基本形成，诞生了魏桥创业集团、滨化集团、西王集团、鲁北企业集团、亚光纺织集团等“航母式”企业。魏桥创业集团是全球最大棉纺织企业，2014 年位列世界 500 强第 279 位。北汽集团、中信集团等 4 家世界 500 强企业入驻滨州。绿色特色林果种植面积 600 平方千米，沾化冬枣、阳信鸭梨、无棣金丝小枣、惠民红富士苹果、邹平水杏等土特产品驰名中外。

菏泽牡丹园

菏泽

菏泽市位于山东省西南部，与江苏、河南、安徽接壤。面积12238.62平方千米，辖1区8县。人口843.79万。

菏泽是中国牡丹之都。牡丹种植始于隋唐，盛于明清。栽培面积320平方千米，涵盖9大花系、10大花型、1237个品种。是世界上面积最大、品种最多、花色最全的牡丹种植、观赏、科研和出口基地，是“国家牡丹高新技术产业基地”。牡丹产业从种植到加工链条完善，并向医药化工、日用化工、营养保健、食品等领域延伸，成功推出牡丹籽油、牡丹茶等100余个产品。菏泽还是中国“戏曲之乡”“书画之乡”“武术之乡”和“民间艺术之乡”。

菏泽是全国重要的粮、棉生产基地，总产在全国农区分别居第三位和第一位。芦笋出口占全国的60%。鄄城中药材市场是全国17大中药材市场之一。菏泽是鲁西黄牛、青山羊、小尾寒羊“三大国宝”的原产地，也是全国平原地区最大的林产品生产、加工、出口基地，中国林产品交易会常设会址设于菏泽。巨野煤田是华东地区储量最大、质量最优的大型煤田。

菏泽是以花城、水邑、林海为特色的平原森林城市，有“湖河相连、城水相依、城河湖一体”的水邑特色。森林覆盖率33.2%，为全国平原地区之首。城市绿化覆盖率40%。

山东省主要文化遗存

世界文化遗产

泰山（中国第一个自然与文化双遗产） 孔庙、孔府、孔林

齐长城 大运河

山东省列入联合国人类非物质文化遗产代表作名录的项目

名称	保护单位
诸城派古琴	诸城市文化馆
烟台剪纸	烟台市群众艺术馆
高密剪纸	高密市非物质文化遗产保护中心
莒县过门笺	莒县文化馆
滨州剪纸	滨州市滨城区文化馆
济南皮影戏	济南市群众艺术馆
泰山皮影戏	泰安市泰山皮影艺术保护研究中心
定陶皮影戏	定陶县文化馆

山东的国家级历史文化名城

济南 青岛 聊城 泰安 烟台

曲阜 临淄 邹城 蓬莱 青州

山东的国家级历史文化名镇

桓台县新城镇 微山县南阳镇

山东的国家级历史文化名村

章丘市官庄乡朱家峪村 荣成市宁津街道办事处东楮岛村

即墨市丰城镇雄崖所村

淄博市周村区王村镇李家疃村 招远市辛庄镇高家庄子村

山东省友好省州示意图

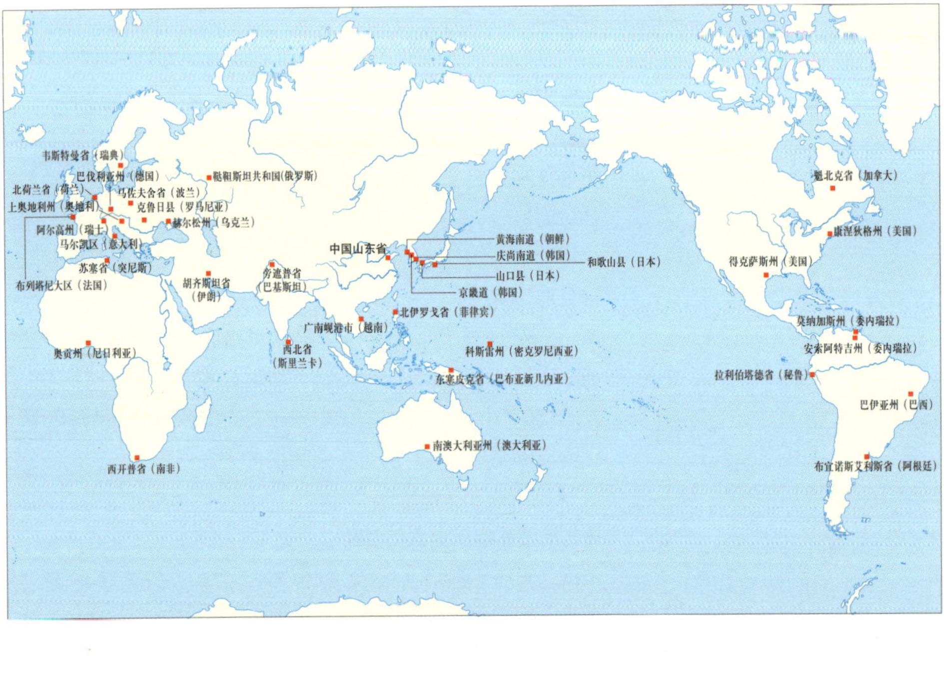
韦斯特曼省（瑞典）
巴伐利亚州（德国）
北荷兰省（荷兰）
上奥地利州（奥地利）
马佐夫舍省（波兰）
克鲁日县（罗马尼亚）
鞑靼斯坦共和国(俄罗斯)
赫尔松州（乌克兰）
阿尔高州（瑞士）
马尔凯区（意大利）
苏塞省（突尼斯）
布列塔尼大区（法国）
胡齐斯坦省
（伊朗）
旁遮普省
（巴基斯坦）
西北省
（斯里兰卡）
奥贡州（尼日利亚）
西开普省（南非）
中国山东省
黄海南道（朝鲜）
庆尚南道（韩国）
和歌山县（日本）
山口县（日本）
京畿道（韩国）
北伊罗戈省（菲律宾）
广南岘港市（越南）
科斯雷州（密克罗尼西亚）
东塞皮克省（巴布亚新几内亚）
南澳大利亚州（澳大利亚）
魁北克省（加拿大）
康涅狄格州（美国）
得克萨斯州（美国）
莫纳加斯州（委内瑞拉）
安索阿特吉州（委内瑞拉）
拉利伯塔德省（秘鲁）
巴伊亚州（巴西）
布宜诺斯艾利斯省（阿根廷）

在山东省举办的国际性展会

名称	地点	时间	主办单位	承办单位	网址	联系电话
潍坊国际风筝会	潍坊	4月	国家体育总局 国际风筝联合会 潍坊市人民政府	潍坊国际风筝会办公室	hzb.weifang.gov.cn	0536-8220078
菏泽国际牡丹花会	菏泽	4月	山东省人民政府 国家旅游局	山东省旅游发展委员会 菏泽市人民政府	www.hzmdw.cn	0530-5120960
中国（寿光）国际蔬菜科技博览会	寿光	4—5月	国家农业部 国家商务部 国家科技部 国家环保部 国家家质检总局 中国贸促会 全国供销合作总社 国家外国专家局 中国农科院 国家标准化管理委员会 中国科技协会 中国农业大学 山东省人民政府	山东省农业厅 山东省科技厅 山东省商务厅 山东省环保厅 山东省质监局 山东出入境检验检疫局 山东省贸促会 山东省供销合作社 山东省外国专家局 山东省农科院 山东省旅游发展委员会 山东省科技协会 潍坊市人民政府 寿光市人民政府	www.sgcbh.com	0536-5678212
中国（广饶）国际橡胶轮胎暨汽车配件展览会	广饶	5月	中国贸促会 山东省人民政府	山东省贸促会 东营市人民政府	www.chinagr.gov.cn	0546-7799222

东亚国际食品博览会	烟台	多在5、6月	山东省经信委 山东省贸促会 中国国际商会山东商会 东亚经济交流推进机构 中国绿色农业服务联盟 韩中经纪人协会 韩国京仁日报社 烟台市人民政府	烟台市经信委 烟台市商务局 中国国际商会烟台商会 烟台市贸促会 烟台市食品工业协会	www.ytfia.com/sbh	0535-2145189
中国威海国际食品博览会	威海	6月	中国食品土畜进出口商会 山东省商务厅 山东出入境检验检疫局 威海市人民政府	威海市商务局 威海出入境检验检疫局 威海市贸促会	www.weihaishipin.com	0631-5181829
山东文化产业博览交易会	济南	双年的8月	山东省人民政府	济南市人民政府	www.sccif.com	0531-51775192
青岛国际啤酒节	青岛	8月	国家有关部委 青岛市人民政府	崂山区人民政府	www.qdbeer.cn	0532-88893990
泰山国际登山节	泰安	9月	中国登山协会 山东省旅游发展委员会 山东省体育局 山东省贸促会 山东广播电视台 泰安市人民政府	泰安市人民政府	www.my0538.com	0538-8258076
中国曲阜国际孔子文化节	曲阜	9月	文化部 教育部 国家旅游局 中华全国归国华侨联合会 山东省人民政府	济宁市人民政府	kongzi.iqilu.com	0537-4498881
中国（东营）国际石油石化装备与技术展览会	东营	9月	中国贸促会 山东省人民政府	山东省贸促会 东营市人民政府 中国石化胜利石油管理局	www.cdype.com.	010-58236555

中国国际航空体育节暨中国国际航空运动器材装备展览会	莱芜	9月	中国航空运动协会 中国航空运输协会 通航委员会 山东航空产业协会 山东省人民政府	莱芜市体育局 莱芜市旅游发展委员会 雪野旅游区管委会	xueye-ciaf.com	0634-6576008
黄河三角洲（中国·垦利）国际生态农业展览会	垦利	9、10月	中国贸促会 中国国际商会 经济日报社	中国农村商业发展工作委员会 山东省贸促会 中国国际商会山东商会 中国经济网	jptrans.naver.net/j2j.php/korean/www.ce.cn/cysc/ztpd/2013/blh/	010-52259949
中国（枣庄）国际新能源·锂电产业博览会	枣庄	9、10月	中国电源工业协会 山东省贸促会 枣庄市人民政府	枣庄市贸促会 枣庄高新技术产业开发区管委会 中融商汇（北京）国际会展有限公司 临沂市格益传媒有限公司	www.zzldblh.com	0632-3326810
中国（临沂）国际商贸物流博览会	临沂	10月	国家工商行政管理总局 中国贸促会 商务部外贸发展局 中国商业联合会 中国交通运输协会 中国林产品工业协会 山东省人民政府	山东省商务厅 山东省工商局 山东省贸促会 临沂市人民政府	www.zglyfair.com	0539-8113629
中国威海国际渔具博览会	威海	10月	威海市商务局 威海市贸促会	威海泛华展览有限公司	www.cgcexpo.cn/weihai/index.html	0631-5625630

驻山东省五星级饭店

饭店名称	联系电话	电子邮箱	地址
山东大厦	18353105859 13864134806	meng126lei@126.com	济南市历下区马鞍山路2—1号
济南索菲特银座大饭店	0531-89816533	prm@sofiteljinan.com	济南市历下区泺源大街66号
济南贵和皇冠假日酒店	0531-81626102	execoffice@crowneplazajinan.cn	济南市历下区天地坛街3号
青岛丽晶大酒店	0532-85881818	betty-dingjuan@163.com	青岛市市南区香港中路110号
青岛香格里拉大饭店	0532-83883838-6414	sunny.zhang@shangri-la.com	青岛市市南区香港中路9号
青岛海景花园大酒店	0532-85875777	gmzhou8106@163.com	青岛市市南区彰化路2号
青岛汇泉王朝大酒店	0532-82999997	13698666868@163.com	青岛市市南区南海路9号
青岛麒麟皇冠大酒店	0531-88899928	kilinzjb@163.com	青岛市崂山区香港东路197号
青岛鑫江希尔顿逸林酒店	0532-80988888-2818	blair.zhang@hilton.com	青岛市城阳区308国道220号
青岛景园假日酒店	0532-8096-5519	Sara.sun@ihg.com	青岛市城阳区兴阳路306号
青岛万达艾美酒店	0532-55563888	jessica.guo@lemeridien.com	青岛市市北区延吉路112号
青岛海尔洲际酒店	0532-66566666	sharon.shang@ihg.com	青岛市市南区澳门路98号
淄博世纪大酒店	0533-3596610	cenhotel@163.com	淄博市张店区柳泉路99号
淄博万豪酒店	0533-7129999	86923961@qq.com	淄博市临淄区临淄大道782号
东营东胜大厦	0546-8687508	42715623@qq.com	东营市西城区西四路616号
东营蓝海国际大饭店	0546-8151556	215796169@qq.com	东营市东营区庐山路1099号
龙口南山国际会议中心	0535-8663054 13287996482	mayixin@nanshan.com.cn	烟台市龙口市东江镇南山旅游景区
烟台金海湾酒店	0535-6639999-2808	henihn@163.com	烟台市芝罘区海岸街34号
烟台蓬莱华玺酒店	0535-5959898-27705	Liming212006@126.com	烟台市蓬莱市北关路686号
烟台金沙滩喜来登度假酒店	0535-6119999-6626	Jessica.lv@sheraton.com	烟台市经济技术开发区海滨路88号
烟台华美达广场大酒店	0535—2988695	616280336@qq.com	烟台市莱山区澳柯玛大街10号
潍坊富华大酒店	0536-8881988-2165	fhdjdxzb@163.com	潍坊市高新区福寿东街168号
潍坊金茂国际大酒店	0536-2226669	wfjm_hotel@126.com	潍坊市高新区北宫东街1999号
山东新富佳悦大酒店	0536-2227067	xfjyjd@163.com	潍坊市经济技术开发区玄武街999号
山东圣德国际酒店	0537-5177777-6118	summer.guang@ sunplazahotels.com	济宁市兖州市建设西路（新市政府北面）
泰安东尊华美达大酒店	0538-8368888-7002	tadongzun@163.com	泰安市泰山区迎胜东路16号
威海金海湾国际饭店	0631-5688777-8406	gbzongban@gbhotel.com.cn	威海市高技术产业开发区北环海路128号
威海海悦建国饭店	0631-5676888	hyjgcmb@163.com	威海市高技术产业开发区文化西路177号
山东华盛江泉城酒店	0539-3118888	hsjqchotelzb@163.com	临沂市罗庄区罗六路与双月湖路交会处
聊城阿尔卡迪亚国际酒店	0635-5181588	350012497@163.com	聊城市东昌府区湖南路20号

服务信息

主要涉外机构

山东省人民政府外事办公室
地址：济南市省府前街 1 号
电话：0531-86061727

山东省人民政府新闻办公室
地址：济南市经十路 20188 号
电话：0531-82033901

山东省人民政府侨务办公室
地址：济南市经十路 10567 号成城大厦 A 座
电话：0531-88151926

山东省归国华侨联合会
地址：济南市经十路 10567 号成城大厦 A 座
电话：0531-88151917

山东省人民政府台湾事务办公室
地址：济南市建国小经三路 37 号
电话：0531-51771137

山东省商务厅
地址：济南市历阳大街 6 号
电话：0531-89013333

山东省旅游发展委员会
地址：济南市经十路 17386 号
电话：0531-82676308

山东出入境检验检疫局
地址：青岛市市南区中山路 2 号
电话：0532-80886666

中华人民共和国青岛海关
地址：青岛市西陵峡二路 2 号
电话：0532-82955112

中华人民共和国济南海关
地址：济南市英雄山路 288 号
电话：0531-82016611

中国国际贸易促进委员会山东省委员会
地址：济南市经四路 158 号
电话：0531-86168355

山东省主要网站

名称	网址
山东省人民政府门户网站	www.shandong.gov.cn
中国山东网	www.sdchina.com
好客山东网	www.sdta.cn
山东省情网	www.infobase.gov.cn
大众网	www.dzwww.com
鲁网	www.sdnews.com.cn
齐鲁网	www.iqilu.com
舜网	www.e23.cn
青岛新闻网	www.qingdaonews.com
半岛网	www.bandao.cn
胶东在线	www.jiaodong.net
中华泰山网	www.my0538.com
水母网	www.shm.com.cn
百灵网	www.beelink.com
中国孔子网	www.chinakongzi.org

山东17市政府官方网站

名称	网址
济南市人民政府	www.jinan.gov.cn
青岛市人民政府	www.qingdao.gov.cn
淄博市人民政府	www.zibo.gov.cn
枣庄市人民政府	www.zaozhuang.gov.cn
东营市人民政府	www.dongying.gov.cn
烟台市人民政府	www.yantai.gov.cn
潍坊市人民政府	www.weifang.gov.cn
济宁市人民政府	www.jining.gov.cn
泰安市人民政府	www.taian.gov.cn
威海市人民政府	www.weihai.gov.cn
日照市人民政府	www.rizhao.gov.cn
莱芜市人民政府	www.laiwu.gov.cn
临沂市人民政府	www.linyi.gov.cn
德州市人民政府	www.dezhou.gov.cn
聊城市人民政府	www.liaocheng.gov.cn
滨州市人民政府	www.binzhou.gov.cn
菏泽市人民政府	www.heze.gov.cn

公共服务电话

公众服务电话、常用电话、紧急电话			
火警	119	水上遇险求救	12395
报警	110	气象服务	12121
急救	120	报时服务	12117
道路交通事故	122	红十字会急救	999
公安短信报警	12110	森林火警	95119
查号	114	中国铁路客服中心	12306
邮政客户服务	11185	山东航空热线	95369
中国法律服务热线	12348		
监督、投诉、抢修、举报			
电力系统客服	95598	文化市场举报	12318
消费者投诉举报	12315	价格监督举报	12358
质量监督	12365	机构编制违规举报	12310
环保局监督	12369	民工维权	12333
政府公益服务	12345	公共卫生环境投诉	12320

图书在版编目（CIP）数据

中国概况．山东／山东省人民政府新闻办公室编著．
—北京：外文出版社，2016
ISBN 978-7-119-10524-6
Ⅰ．①中… Ⅱ．①山… Ⅲ．①山东－概况 Ⅳ．①K92
中国版本图书馆CIP数据核字（2016）第221239号

策　　划：王世农　魏长民
文稿统筹：姜利平　孙　强　丁绍敏　李勇慧
文稿校核：李善伟　杜　锋　马千里　王姝婧　董丽丽　宋德印
文稿写作：陈明乾　都　杰　杜绪东　杜增杰　付伟安　韩冬美　郝宪印　何秀丽　贺建片　胡长青
蒋仁宏　蒋　帅　孔　进　雷　涛　李　磊　林　燕　刘德龙　刘　敏　刘婷婷　刘益民
刘振杰　龙　圣　卢　静　母意清　邱田宾　邵明辉　隋龙湖　王　婵　王夫海　王海勇
王　林　王　妮　王　晓　王玉洁　王玉龙　伍建国　辛显敏　徐　伟　许　丽　杨　述
杨裕曦　衣军强　于　宁　岳宗敏　张成杰　张继梁　张军咏　张　帅　张兴宇　朱新峰
（按姓氏音序排列）

内文摄影：陈　勇　陈子庆　丁洪安　高人庆　高　远　郭喜平　韩　永　郝金刚　侯贺良　胡建廷
黄高潮　景玉果　鞠川江　李　辉　李　猛　李　明　李云峰　李　出　李宗宪　廉兴国
梁　东　刘德成　刘笃龙　刘富国　刘为群　刘　哲　吕其林　孟　勇　欧　琨　乔洪强
渠晋湘　单　茗　商春波　孙宏君　孙劲松　唐国志　王保国　王德全　王亮朝　王　蓉
王　涛　王天宇　王晓光　王永卫　魏　东　吴　蒙　薛晨钟　薛　尧　杨　霞　张　健
张　平　张仁玉　张　岩　赵国良　郑曙光　周东伦　宗爱迪　（按姓氏音序排列）
部分图片由山东省各市人民政府新闻办公室、山东图片库、山东省卫生报刊社等提供

项目策划：肖晓明
出版指导：胡开敏
出版统筹：于　瑛
责任编辑：曹晓娟
内文设计：一瓢文化·邱特聪
封面设计：大盟文化传播有限公司
印刷监制：冯　浩

中国概况

山　东

山东省人民政府新闻办公室　编著

出 版 人：徐　步
出版发行：外文出版社有限责任公司
地　　址：北京市西城区百万庄大街24号　　邮政编码：100037
网　　址：http://www.flp.com.cn　　电子邮箱：flp@cipg.org.cn
电　　话：008610-68320579（总编室）　　008610-68327750（版权部）
008610-68995852（发行部）　　008610-68996064（编辑部）

印　　刷：鸿博昊天科技有限公司
经　　销：新华书店/外文书店
开　　本：787mm×1092mm　1/16
字　　数：100千字
印　　张：15
版　　次：2017年1月第1版第1次印刷
书　　号：ISBN 978-7-119-10524-6
审 图 号：GS（2017）213号　鲁SG（2017）005号
定　　价：80.00元

中国概况

PANORAMA

山东